Nilesh Makwanaa
J. D Thanki

Efeito de fertilizantes e fontes orgânicas no milho rabi

Nilesh Makwanaa

J. D Thanki

Efeito de fertilizantes e fontes orgânicas no milho rabi

ScienciaScripts

Imprint
Any brand names and product names mentioned in this book are subject to trademark, brand or patent protection and are trademarks or registered trademarks of their respective holders. The use of brand names, product names, common names, trade names, product descriptions etc. even without a particular marking in this work is in no way to be construed to mean that such names may be regarded as unrestricted in respect of trademark and brand protection legislation and could thus be used by anyone.

Cover image: www.ingimage.com

This book is a translation from the original published under ISBN 978-3-659-87737-7.

Publisher:
Sciencia Scripts
is a trademark of
Dodo Books Indian Ocean Ltd. and OmniScriptum S.R.L publishing group

120 High Road, East Finchley, London, N2 9ED, United Kingdom
Str. Armeneasca 28/1, office 1, Chisinau MD-2012, Republic of Moldova, Europe
Managing Directors: Ieva Konstantinova, Victoria Ursu
info@omniscriptum.com

Printed at: see last page
ISBN: 978-620-3-22955-4

Índice:

Capítulo 1   3

Capítulo 2   5

Capítulo 3   16

Capítulo 4   29

Capítulo 5   49

RESUMO

Foi realizada uma experiência de campo durante a época *rabi* de 2012-13 na College Farm, N. M. College of Agriculture, Navsari Agricultural University, Navsari, para estudar o "efeito de vários níveis de fertilizantes e fontes orgânicas no milho *rabi* nas condições do sul de Gujarat". O solo do campo experimental era de textura argilosa, pobre em azoto disponível (169,43 kg/ha), médio em fósforo disponível (31,73 kg/ha), bastante rico em potássio disponível (359,53 kg/ha) com pH 7,8.

O experimento compreendendo seis combinações de tratamento viz., T1= 100% RDF, T2= 100% RDF + FYM @10 t/ha, T3= 75% RDF + Bio composto @5 t/ha, T4= 75% RDF + vermicomposto @3 t/ha, T5= 75% RDF + FYM @10 t/ha T_6= Controle foram testados em um desenho de blocos aleatórios com quatro replicações. A dose recomendada de fertilizante (RDF) foi de 120-60-00 kg N-P-K/ha.

Quase todos os atributos de crescimento, produção e rendimento, tais como altura da planta (30, 60 DAS e na colheita), número de espigas por planta, número de grãos por espiga, comprimento da espiga, percentagem de descasque, índice de sementes, rendimento de grãos e palha foram significativamente influenciados por vários níveis de fertilizantes e tratamentos de fontes orgânicas. A aplicação de 100% RDF + FYM @10 t/ha (T_2) registou rendimentos de grão (4,18 t/ha) e de palha (8,99 t/ha) significativamente mais elevados. Enquanto os rendimentos mais baixos de grãos e palha foram registados com o controlo (T_6). Mas os diferentes tratamentos não expressaram qualquer influência significativa no índice de colheita do milho.

Vários níveis de fertilizantes e tratamentos de fontes orgânicas não exerceram qualquer influência significativa no teor de proteínas, N, P e K no grão e na palha. No entanto, a absorção de N, P e K no grão e na palha, bem como o rendimento proteico, foram significativamente mais elevados em 100% RDF + FYM @10 t/ha em comparação com o controlo. Tendência semelhante foi observada no caso de N disponível, P2O5 e K2O no solo após a colheita da cultura. A realização líquida máxima de 37187 ₹/ ha e o valor do rácio benefício: custo 1,37 foi obtido no tratamento de 100% RDF + FYM @10 t/ha.

Assim, a partir do presente estudo, parece bastante lógico concluir que, para obter uma maior produção económica de milho *rabi* e manter a fertilidade do solo, a cultura deve ser aplicada 100% de FTR juntamente com FYM @10 t/ha nas condições do sul de Gujarat.

Capítulo 1
I INTRODUÇÃO

Entre os cereais, o milho (*Zea mays* L.) ocupa o terceiro lugar no que respeita à produção mundial total, a seguir ao trigo e ao arroz, e é o principal alimento básico em muitos países, particularmente nas regiões tropicais e subtropicais (FAI, 1999). O milho é considerado a "rainha dos cereais". Sendo uma planta C_4, é capaz de utilizar a radiação solar de forma mais eficiente, mesmo com uma intensidade de radiação mais elevada.

É uma das culturas mais versáteis que pode ser cultivada em diversos ambientes e áreas geográficas. Os principais países produtores de milho do mundo são os EUA, a China, a África do Sul e Central, a Argentina, o Brasil e o México.

A nível mundial, o milho é cultivado numa superfície de 146 milhões de hectares, com uma produção de 680 milhões de toneladas e uma produtividade de 4658 kg/ha. Na Índia, o milho é cultivado em 8,71 milhões de hectares, com uma produção de 21,76 milhões de toneladas e uma produtividade de 2498 kg/ha. A Índia ocupa o sexto lugar a nível mundial no que respeita à produção de milho. A cultura do milho na Índia está maioritariamente confinada aos Estados de Rajasthan, Maharashtra, Gujarat, Uttar Pradesh, Karnataka, Madhya Pradesh, Andhra Pradesh e Jammu - Kashmir. Gujarat ocupa uma área de 0,50 milhões de hectares, com uma produção de 0,82 milhões de toneladas e uma produtividade de 1640 kg/ha (Anon 2011 -12).

Os tipos de milho doce, pop corn, baby corn, high oil corn, etc. têm um enorme potencial de mercado, não só na Índia, mas também no mercado internacional. O valor nutritivo do grão de milho contém cerca de 10,4 % de humidade, 6,8 % a 12 % de proteínas, 4 % de lípidos, 1,2 % de cinzas, 2,0 % de fibras, 72 % a 74 % de hidratos de carbono. Também contém macro e micronutrientes como 7 mg/100g de cálcio, 210 mg/100g de fósforo, 2,7 mg/100g de ferro, 0,38mg/100g de tiamina e 0,20 mg/100g de riboflavina (Suleiman et al. 2013).

Tradicionalmente, o milho tem sido amplamente cultivado como uma cultura de sequeiro durante a estação kharif no país. Mas estudos recentes mostraram que também pode ser cultivado com sucesso durante a estação rabi em muitas partes do país. O milho Rabi está a tornar-se cada vez mais popular nas áreas irrigadas devido à sua maior produtividade em comparação com o milho kharif, devido ao céu limpo e à menor infestação de insectos, pragas e ervas daninhas. O nível de rendimento do milho durante a estação rabi é consideravelmente mais elevado do que o da kharif, devido à sua maior eficiência na utilização da água e dos fertilizantes. O milho, devido à sua elevada procura de nutrientes, responde bem aos fertilizantes, mas, em condições de campo, devido à dependência excessiva de fertilizantes azotados e à utilização nula ou negligenciável de estrume orgânico, o seu potencial de rendimento é difícil de explorar. Os estrumes orgânicos não só ajudam a fornecer nutrientes equilibrados como também apoiam a produção sustentável devido ao seu papel fundamental na melhoria da saúde do solo.

O milho é uma cultura exaustiva e necessita de quantidades elevadas de azoto durante o período de utilização eficiente, particularmente aos 25 dias após a sementeira (DAS) e nos estádios de pré-desbaste (40 DAS) para uma maior produtividade. O azoto é indispensável para aumentar a produção das culturas, uma vez que é um constituinte do protoplasma e da clorofila e está associado à atividade de todas as células vivas. Da mesma forma, o fósforo também desempenha um papel importante no armazenamento e transferência de energia no sistema vegetal. Além disso, o fósforo é um constituinte importante dos ácidos nucleicos, fitinas, fosfolípidos e enzimas. Vários trabalhadores relataram os efeitos benéficos da fertilização NPK na produtividade do milho (Mehta et al., 2005 e Rajanna et al., 2006).

Embora seja possível aumentar o nível de produção aumentando apenas a utilização de fertilizantes inorgânicos, tal pode conduzir a problemas de poluição e à deterioração do solo. Este só pode ser mantido a um nível sustentável através da utilização de nutrientes por meio de uma abordagem integrada. Entre os adubos orgânicos, está a tornar-se muito popular e a utilização de adubo orgânico tornou-se um contributo importante para a gestão integrada de nutrientes (Singh e Ganguly, 2005).

O estrume de quintal refere-se à mistura decomposta de estrume e urina de animais de quinta, juntamente com as camas e os restos de material proveniente de forragens ou forragens fornecidas ao gado. Em média, o estrume de quinta bem decomposto contém 0,5 % de N, 0,2 % de P2O5 e 0,5 % de K2O. Melhora a estrutura do solo (agregação), de modo a que este retenha mais nutrientes e água e se torne mais fértil. Também estimula a atividade microbiana do solo, o que promove o fornecimento de minerais vestigiais ao solo, melhorando a nutrição das plantas. Contém também algum azoto e outros nutrientes que contribuem para o crescimento das plantas.

O biocomposto produzido a partir de lama de prensa, um subproduto da indústria açucareira, não só é uma fonte rica de nutrientes para as plantas, como também tem um efeito favorável nas propriedades físicas, químicas e biológicas do solo. A aplicação de biocomposto preparado a partir de resíduos industriais em culturas de consumo reduzirá o problema da eliminação de resíduos, minimizará o consumo de fertilizantes químicos, melhorará a qualidade do solo e também ajudará a mitigar a poluição ambiental. (Tripathi et al., 2007) A adição de biocomposto ao solo melhora a resistência do solo à erosão hídrica através do aumento da capacidade de ligação das partículas do solo, melhora a trabalhabilidade do solo, a infiltração de água e a capacidade de retenção de água do solo. O biocomposto melhora a CEC, a condutividade eléctrica do solo e corrige o pH do solo.

O vermicomposto é a queda das minhocas após a digestão intestinal da matéria orgânica e tem um elevado valor nutritivo. É bem sabido que as minhocas desempenham um papel importante na melhoria das propriedades físicas e químicas do solo. Ao mesmo tempo, aumenta o arejamento e a capacidade de retenção de água do solo. Datt (1948) descobriu que as actividades das minhocas aumentam a quantidade de agregados estáveis à água. Uma grande parte do azoto não disponível presente na matéria orgânica é disponibilizada às plantas através do processo de vermicompostagem. O vermicomposto é um fertilizante orgânico rico em nutrientes e um condicionador do solo. O teor de nutrientes no vermicomposto é de 1,60 % de N, 2,50 % de P e 0,8 % de K. (Ashokan 2008).

A maior parte dos solos do Estado de Gujarat tem um baixo teor de carbono orgânico. Por conseguinte, uma nutrição equilibrada através da proporção correta de adubos orgânicos e fertilizantes químicos é essencial para aumentar a produção agrícola e manter a produtividade do solo.

Tendo em conta estes factos e opiniões, a presente experiência foi planeada para estudar o "Efeito de vários níveis de fertilizantes e fontes orgânicas no milho *rabi* nas condições do sul de Gujarat" durante 2012-13 na quinta da faculdade N.A.U., Navsari, com os seguintes objectivos gerais

1. Estudar o efeito de fertilizantes e fontes orgânicas no crescimento, rendimento e qualidade do milho *rabi*.
2. Para descobrir o efeito combinado de fertilizantes e fontes orgânicas no milho *rabi*.
3. Verificar as alterações no estado dos nutrientes do solo.
4. Determinar a economia do milho *rabi*.

Capítulo 2
II REVISÃO DA LITERATURA

A produtividade das culturas é um fenómeno complexo que é regido por numerosos factores endógenos e exógenos. Pode ser melhorada através da adoção de técnicas agrícolas adequadas, nomeadamente, a utilização de variedades melhoradas, a sementeira atempada com um espaçamento adequado e a manutenção de um nível ótimo de plantas, a programação adequada da irrigação, a gestão dos fertilizantes e medidas adequadas para minimizar as perdas devido a ervas daninhas, insectos-praga e doenças. A gestão integrada dos nutrientes é de importância vital para a exploração do potencial de produção em diferentes condições agro-climáticas.

Foi feita uma tentativa de destacar uma breve revisão do trabalho de investigação realizado relativamente ao efeito da gestão integrada de nutrientes no milho em diferentes situações agro-climáticas na Índia e no estrangeiro. O tema foi dividido nos seguintes subtítulos gerais.

2.1   Efeito dos níveis de fertilizantes inorgânicos

2.1.1   Efeito nos atributos de crescimento

2.1.2   Efeito nos atributos de rendimento e no rendimento

2.1.3   Efeito na qualidade

2.1.4   Efeito no teor e absorção de nutrientes e no estado do solo

2.1.5   Efeito na economia

2.2   Efeito combinado de níveis de fertilizantes inorgânicos e fontes orgânicas

2.2.1   Efeito nos atributos de crescimento

2.2.2   Efeito nos atributos de rendimento e no rendimento

2.2.3   Efeito na qualidade

2.2.4   Efeito no teor e absorção de nutrientes e no estado do solo

2.2.5   Efeito na economia

2.1   Efeito dos níveis de fertilizantes inorgânicos

2.1.1   Efeito nos atributos de crescimento

Mishra *et al.* (2001) estudaram o efeito do fertilizante químico no milho durante o inverno de 1994-95 num solo franco-siltoso em Faizabad (Uttar Pradesh) e referiram que a altura das plantas, o índice de área foliar e a acumulação de matéria seca aumentaram significativamente com a aplicação de 150-60-40 kg N-P-K/ha em relação ao controlo.

Em 1983, em Ranchi (Jharkhand), Pathak *et al.* (2002) iniciaram um ensaio de longo prazo com milho de inverno. Verificaram que a altura das plantas, o índice de área foliar, a acumulação de matéria seca e a taxa de assimilação líquida aumentavam significativamente com a aplicação de 100 % de FTR (100-50-25 kg N-P-K/ha) em relação ao controlo.

El-Kholy *et al.* (2005) realizaram uma experiência no Centro Nacional de Investigação, Cairo (Egito) durante duas épocas sucessivas de 2002 e 2003 com milho. Relataram que a aplicação de 100% FTR (100-50-60 kg N-P-K/ha), embora fertilizante, registou uma altura de planta significativamente mais elevada (174 cm) no milho, em comparação com outros tratamentos.

A partir dos resultados de uma experiência de campo realizada em 2004-05 num solo franco-argiloso arenoso da University Research Farm, Kalyani (Bengala Ocidental) por Saha e Mondal (2006) com milho para bebé.
Mencionaram que a altura máxima das plantas foi registada com a aplicação de 100% RDF (150-60-40 kg N-P-K/ha) do que 75% RDF.

Verma *et al.* (2006) iniciaram uma experiência durante a estação *kharif* de 2000-01 e 2001-02 na Instructional Farm, Rajasthan Agriculture College, Udaipur (Rajasthan) para estudar o efeito do fornecimento integrado de nutrientes ao milho e verificaram que a altura das plantas, o índice de área foliar e a acumulação de matéria seca do milho aumentaram significativamente com a aplicação de 135-45-22,5 kg N-P-K/ha em relação ao controlo.

Panwar (2008) realizou uma experiência de campo durante a época *pré-rabi* de 2001-

02 a 2002-03 com milho em Umiam (Meghalaya), Complexo de Investigação ICAR para a Região NEH. Ele mostrou que a aplicação de 100% de FTR deu maior altura de planta (190,42 cm) sobre o controlo (91,42).

Dadarwal *et al.* (2009) realizaram um ensaio de gestão integrada de nutrientes em baby corn na Instructional Farm, Rajasthan College of Agriculture, Udaipur (Rajasthan), na estação das chuvas de 2007. Os autores referiram que a aplicação de 150% de FTR produziu uma altura de planta significativamente mais elevada do que 100% de FTR (12040-30 kg N-P-K/ha) ou 125% de FTR.

Onasanya *et al.* (2009) realizaram uma experiência para estudar a resposta do crescimento e do rendimento do milho a diferentes taxas de fertilizantes de azoto e fósforo no sul da Nigéria durante o *rabi* de 2007. Revelaram que a aplicação de 120 kg de N/ha + 20 kg de P_2O_5/ha aumentou significativamente o índice de área foliar e o perímetro do caule.

Singh e Nepalia (2009) realizaram uma experiência na Faculdade de Agricultura de Rajasthan, Udaipur (Rajasthan), na estação das chuvas de 2004-05, e verificaram que a aplicação de 125% de FTR resultou numa maior altura da planta na colheita (210,8 cm), acumulação de matéria seca na colheita (201,6 g por planta) e índice de área foliar (2,90) em relação a outros tratamentos de 75% e 100% de FTR (90-40 kg N-P/ha).

Singh *et al.* (2011) realizaram uma experiência de campo com milho para bebé durante a *estação kharif* de 2004-05 em Varanasi (Uttar Pradesh) e registaram uma melhoria significativa na altura das plantas, no índice de área foliar e no teor de clorofila com 180-38,7-74,7 kg N-P-K/ha, que foi igual a 120-25,8-49,8 kg N-P-K/ha.

Tetarwal *et al.* (2011) iniciaram uma investigação de campo sobre o milho durante a estação *kharif* de 2008-09 na Subestação de Investigação Agrícola, Aklera, Jhalawar (Rajasthan). Verificaram que a aplicação de 150% de FTR produziu uma altura de planta significativamente mais elevada em comparação com 100% de FTR (40-15-00 kg N-P-K/ha)

Khaliq *et al.* (2012) planearam uma experiência durante 20002002 no Centro Nacional de Investigação Agrícola, Islamabad (Paquistão). Observaram uma maior altura das plantas e um maior número de folhas por planta da cultura do milho com FTR (100-50-00 kg N-P-K/ha).

Joshi *et al.* (2013) realizaram uma experiência durante o *kharif* 2010 em Udaipur (Rajastão) para estudar o efeito da gestão integrada de nutrientes no crescimento do milho. Revelaram que a aplicação de 100% de FTR (120-60-30 kg N-P-K/ha) registou a altura máxima das plantas (208,5 cm), a acumulação de matéria seca (81,0 g por planta) e o índice de área foliar (2,6) do que o controlo.

Um estudo de campo foi realizado em Manakkadavu, Pollachi, (Tamil Nadu) durante a estação *rabi* de 2012 e 2013 para estudar o efeito da INM na fertilidade do solo e na produtividade do milho por Kannan *et al.* (2013). Verificaram que a aplicação de FTR aumentou significativamente a altura das plantas e o índice de área foliar em comparação com o controlo.

2.1.2   Efeito nos atributos de rendimento e no rendimento

Paradkar e Sharma (1994), ao trabalharem em Chhindawara (Madhya Pradesh) durante 1989-90 e 1990-91 em solo argiloso, para descobrirem a resposta do milho de inverno, observaram que o rendimento do grão de milho aumentou significativamente com 150-75-60 kg N-P-K/ha durante ambos os anos de experimentação, em comparação com o controlo.

Mundra *et al.* (2002) efectuaram um ensaio de campo durante a estação das chuvas de 1997-98 em Udaipur (Rajasthan). Relataram que a aplicação de 150% da dose recomendada de N e P através de fertilizante proporcionou rendimentos de grãos, palha e biológicos de milho significativamente mais elevados em comparação com 100% RDF (90-35 kg N-P/ha).

Pathak *et al.* (2002) realizaram um ensaio de campo com milho de inverno em 1983 em Ranchi (Jharkhand) e verificaram que as espigas por planta, o comprimento da espiga, a circunferência da espiga e o peso do teste aumentaram significativamente com a aplicação de 100 % de FTR (100-50-25 kg N-P-K/ha) em relação ao controlo.

Enquanto trabalhavam em Raichur (Karnataka) durante a estação chuvosa de 2000-01, Jayaprakash *et al.* (2003) relataram que a aplicação de 200 % de FTR (FTR 150-75-37,5 kg N-P-

K/ha) registou um rendimento de grãos significativamente mais elevado (6,80 t/ha) e rendimento de palha (10,31 t/ha) no milho em relação à aplicação de 125 e 100% de FTR.

Verma *et al.* (2003) realizaram uma experiência de campo durante 2000-01 e 2001-02 para avaliar o efeito dos fertilizantes no rendimento e na economia do milho durante a estação *kharif* em Kanpur (Uttar Pradesh). Concluíram que a aplicação de 100% de FTR (120-6040 kg N-P-K/ha) registou um máximo significativo de espigas por planta, peso de grão por espiga, peso de grão por planta, rendimento de grão (36,13 q/ha) e rendimento de palha (54,57 q/ha).

El-Kholy *et al.* (2005), que realizaram uma investigação no Centro Nacional de Investigação do Cairo (Egito) durante duas épocas sucessivas de 2002 e 2003 com milho, registaram rendimentos de grão e de palha significativamente mais elevados com a aplicação de 100% FTR (10050-60 kg N-P-K/ha) em comparação com outros tratamentos.

Ao estudarem a resposta do milho híbrido em solo argiloso durante a estação das chuvas de 2000-01 em Raichur (Karnataka), Jayaprakash *et al.* (2005) observaram que, entre os diferentes níveis de NPK, o rendimento de grãos do milho aumentou significativamente até 150 % de aplicação de FTR (150-75-37,5 kg N-P-K/ha), para além de 150% não teve influência significativa.

Uma experiência de campo iniciada na estação das chuvas de 2000-01 e 2001-02 por Verma *et al.* (2006) na Instructional Farm, Rajasthan College of Agriculture, Udaipur (Rajasthan). Indicaram que a aplicação de 150% de FTR resultou em maiores rendimentos de grão (34,15q/ha) e palha (47,6 q/ha) de milho do que 100% de FTR (90-30-15 kg N-P-K/ha).

Panwar (2008) concebeu uma experiência durante 2001-02 e 2002-03 no Complexo de Investigação ICAR para a Região NEH, Umiam (Meghalaya). Verificou que a aplicação de 100% de FTR através de fertilizante na estação pré-inverno do milho registou valores significativamente máximos de espigas, comprimento de espiga (15,50 cm), grãos por espiga (370,87) e peso de 100 grãos (21,75 g) em relação ao controlo.

Enquanto trabalhavam no Instituto Indiano de Ciência do Solo, Bhopal (Madhya Pradesh) durante as estações chuvosas de 2005-06 e 2006-07, Ramesh *et al.* (2008) relataram que a fertilização da cultura do milho com 100-50-30 kg N-P-K/ha registou um rendimento de grãos significativamente mais elevado (5122 kg/ha), mais número de espigas por planta (1,36), peso do grão por espiga (155,5 g) e peso de teste (225,3 g) em comparação com o controlo.

Dadarwal *et al.* (2009) planearam uma experiência em 2007 na Instructional Farm, Rajasthan College of Agriculture, Udaipur (Rajasthan) com milho para bebé na estação das chuvas e verificaram que a aplicação de 150% de FTR proporcionou um rendimento significativamente mais elevado de espigas descascadas (2048 kg/ha) e de forragem verde (22667 kg/ha) do que 100% de FTR (120-40-30 kg N-P-K/ha) e 125% de FTR.

Onasanya *et al.* (2009) realizaram uma experiência de campo no sul da Nigéria durante a época de *kharif* de 2007 com milho. Revelaram que a aplicação de 120 - 40kg N - P2O5/ha aumentou significativamente o rendimento de grãos.

Singh e Nepalia (2009) realizaram uma experiência durante a estação das chuvas de 2004-05 na Faculdade de Agricultura de Rajasthan, Udaipur (Rajasthan). Verificaram que a aplicação de 125% de FTR registou espigas significativamente mais altas por planta (1,17), grãos por espiga (305), comprimento da espiga (16,4 cm), peso de teste (216 g), rendimento de grãos (4,30 t/ha) e rendimento de palha (7,90 t/ha) de milho do que 75% e 100% de FTR (90-40 kg N-P2O5/ha).

Lingaraju *et al.* (2010) realizaram uma experiência de campo na Estação Principal de Investigação Agrícola, Dharwad (Karnataka) durante 2005-06 e 2006-07 e concluíram que a aplicação de 100 % de FTR (100-50-25 kg N-P-K/ha) produziu um rendimento de grãos de milho significativamente mais elevado (5578 kg/ha) em comparação com outros tratamentos.

Paramasivan *et al.* (2011) iniciaram uma experiência de campo com milho entre julho e outubro de 2006-07 e 2007-08 na Universidade Agrícola de Tamil Nadu, em Coimbatore (Tamil Nadu), e verificaram que a espiga mais comprida (19,9 cm), a circunferência máxima da espiga (15.2 cm), o maior número de fileiras de grãos por espiga (15,5), grãos por fileira (38,2) e peso de teste (275 g) foram obtidos no tratamento com 250-60-25-10 kg N-P-K-Zn/ha, seguido pelo tratamento com nutrientes ideais com 200-60-25-10 kg N-P-K-Zn/ha. O tratamento com 250-60-25-10 kg N-P-

K-Zn/ha deu 33,3% mais rendimento de grãos do que 100% RDF (135-60,5-50-5,5 kg N-P-K-Zn/ha).

Foi realizada uma experiência de campo durante a época de *kharif* de 2008-09 na Subestação de Investigação Agrícola, Aklera, Jhalawar (Rajasthan). Os resultados revelaram que a aplicação de 150% de FTR produziu significativamente mais matéria seca (149,1 g por planta), peso de teste (233,3 g), rendimento de grãos (3,22 t/ha) e rendimento biológico (8,23 t/ha) de milho em comparação com 100% de FTR (40-15-00 kg N-P-K/ha) (Tetarwal *et al.*, 2011).

Khaliq *et al.* (2012) conceberam uma experiência durante 2000-2002 no Centro Nacional de Investigação Agrícola, Islamabad (Paquistão). Registaram uma maior produção de palha (18349,1 kg/ha) produzida pela cultura do milho com a aplicação da dose recomendada de fertilizante (100-50-00 kg N-P-K/ha).

Joshi *et al.* (2013) realizaram uma experiência durante a *colheita* de 2010 em Udaipur (Rajastão) com milho e revelaram que a aplicação de 100% de FTR (120-60-30 kg N-P-K/ha) registou valores máximos para quase todos os parâmetros de rendimento, *nomeadamente* o número de espigas por planta, o peso do teste, o peso da espiga e o peso dos grãos por espiga, em comparação com o controlo.

Um estudo de campo foi realizado em Manakkadavu Pollachi, (Tamil Nadu) durante a estação *rabi* de 2012 e 2013 por Kannan *et al.* (2013) em milho. Verificaram que a aplicação de FTR aumentou significativamente o número de grãos por espiga, o índice de sementes e o rendimento (2868 kg/ha) em relação ao controlo.

2.1.3 Efeito na qualidade

Kamalakumari e Singram (1996) realizaram uma experiência em 1972 em Coimbatore (Tamil Nadu) com milho e observaram que o açúcar redutor, o açúcar total, a proteína bruta e os hidratos de carbono totais melhoraram significativamente com a aplicação de 100 % de FTR (135-67,5-35 kg N-P-K/ha) em relação ao controlo.

Mishra *et al.* (2001) efectuaram uma experiência durante o inverno de 1994-95 em Faizabad (Uttar Pradesh). Os resultados revelaram que o teor de proteínas e de hidratos de carbono do milho aumentou significativamente com 100 % de FTR (150-60-40 kg N-P-K/ha) em comparação com o controlo.

Com base nos resultados de uma experiência de campo realizada em 2004-05 num solo franco-argiloso arenoso da University Research Farm, Kalyani (Bengala Ocidental), Saha e Mondal (2006) verificaram que o teor de proteínas mais elevado (1,88 g por 100 g de porção comestível) no milho para bebé foi registado com 100% de FTR (150-60-40 kg N-P-K/ha) em comparação com 75% de FTR.

Ramesh *et al.* (2008) planearam uma experiência de campo durante a estação das chuvas de 2005-06 e 2006-07 no Instituto Indiano de Ciência do Solo, Bhopal (Madhya Pradesh) e referiram que a aplicação de 100% de FTR (100-50-30 kg N-P-K/ha) resultou num teor de proteínas significativamente mais elevado no milho (9,94 %) em comparação com o controlo (8,58 %).

Singh *et al.* (201 1) realizaram uma experiência com milho para bebé na estação *kharif* de 2004-05 em Varanasi (Uttar Pradesh) para estudar o efeito de fontes orgânicas e inorgânicas de nutrientes no crescimento, rendimento, qualidade e absorção de nutrientes pelo milho. Os autores referiram que a aplicação de 180-38,7-74,7 kg de N-P-K/ha aumentou significativamente o teor de amido, de açúcar não reduzido e de açúcar, em comparação com outras aplicações.

2.1.4 Efeito no teor e absorção de nutrientes e no estado do solo

Singh e Sarkar (2001) planearam uma experiência de campo durante 1997-99 na estação das chuvas e do inverno em Ranchi (Jharkhand). Estes investigaram que a absorção total de NPK pelo milho foi significativamente maior com uma dose mais elevada de fertilizante (210-90-150 kg N-P-K/ha) do que com a dose recomendada de fertilizante (100-60-40 kg N-P-K/ha).

Kumar *et al.* (2002) efectuaram um estudo de campo na Oilseeds Research Station Farm, Kangra (Himachal Pradesh) sobre milho híbrido promissor em condições de sequeiro durante 1998-2000 e observaram que a aplicação de 150% de FTR aumentou significativamente a absorção de NPK pelo milho em comparação com 100% de FTR (120-60-40 kg N-P-K/ha).

Uma experiência de campo foi efectuada por Mundra *et al.* (2002) durante a estação das chuvas de 1997 em Udaipur (Rajastão). Revelaram que a absorção total mais elevada de N (134,0 kg/ha) e P (29,6 kg/ha) pelos grãos e palha de milho foi registada com 150% da recomendação de N-P em comparação com 100% de N-P (90-30 kg/ha).

Kumar *et al.* (2003), enquanto trabalhavam no IARI, Nova Deli, no milho durante 1999-2000 na estação chuvosa, observaram que a aplicação de 100% de FTR (120-60-00 kg N-P-K/ha) aumentou significativamente a absorção de N e P pelo milho, que foi acentuadamente reduzida com a redução da dose de fertilizante.

Verma *et al.* (2006) relataram em Udaipur (Rajasthan) que foi observada uma absorção significativamente maior de nutrientes com a aplicação de 150% de FTR (135-45-22,5 kg N-P-K/ha) em relação ao controlo.

Sahoo e Mahapatra (2007) realizaram uma experiência de campo durante o inverno de 2002-03 e 2003-04 em Jashipur (Odisha). Relataram que a aplicação de 120-26,2-50 kg de N-P-K/ha registou uma absorção significativamente mais elevada de N (76,9 kg/ha), P (32 kg/ha) e K (127,6) pelo milho doce do que o controlo.

Panwar (2008) iniciou uma investigação de campo durante 2001-02 e 2002-03 em milho *pré-rabi* no Complexo de Investigação ICAR para a Região NEH, Umiam (Meghalaya) e descobriu que tratamento com 100% NPK através de fertilizante deu significativamente maior absorção de nutrientes e N, P e K disponíveis aumentaram em relação à fertilidade inicial do solo.

Ramesh *et al.* (2008) avaliaram uma experiência de campo em Bhopal (Madhya Pradesh) durante 2005-06 e 2006-07. Relataram que a aplicação de fertilizante químico (100-50-30 kg N-P-K/ha) registou uma absorção significativamente maior pelo milho de N (332,2 kg/ha), P (90,33 kg/ha) e K (343,6 kg/ha) em comparação com o controlo (N, 152,8 kg/ha, P, 44,76 kg/ha e K, 158,3 kg/ha).

Singh e Nepalia (2009) realizaram uma experiência na Faculdade de Agricultura de Rajasthan, Udaipur (Rajasthan), durante a estação das chuvas de 2004-05. Relataram que a aplicação de 125% de FTR (100% FTR 90-40 kg N-P2O5/ha) melhorou favoravelmente o teor de carbono orgânico, o estado de N e P do solo em relação ao controlo.

Foi realizada uma experiência de campo em Varanasi (Uttar Pradesh) durante a estação *kharif* 2004-05 sobre o efeito de fontes orgânicas e inorgânicas de nutrientes no crescimento, rendimento, qualidade e absorção de nutrientes pelo milho para bebé (Singh *et al.* (2011). Registaram uma absorção máxima de NPK a 180-38,7-74,7 kg N-P-K/ha.

2.1.5 Efeito na economia

Paradkar e Sharma (1994) realizaram uma experiência de campo em Chhindawara (Madhya Pradesh) durante 1990-91 em solo argiloso para descobrir a resposta do milho de inverno e registaram rendimentos líquidos significativamente máximos (13596 ^7ha) com 15075-60 kg N-P-K/ha em comparação com o controlo.

Enquanto trabalhavam em Ranchi (Jharkhand) durante 1997-99 na estação das chuvas e do inverno, Singh e Sarkar (2001) revelaram que o lucro líquido (5000₹/ ha) e o rácio benefício/custo (2,92) eram mais elevados no milho com uma aplicação mais elevada de NPK (210-60-150 kg/ha) do que com FTR (100-60-40 kg N-P-K/ha).

Kumar *et al.* (2002) observaram um retorno líquido mais elevado (21192 ₹ /ha) e um rácio benefício: custo (2,92) com a aplicação de 150% de FTR em comparação com 100% de FTR (120-60-40 kg N-P-K/ha) em milho híbrido em condições de sequeiro em Himachal Pradesh.

Pathak *et al.* (2002) realizaram um ensaio de gestão integrada de nutrientes no milho durante o inverno de 1983 em Ranchi (Jharkhand) e obtiveram uma relação benefício/custo mais elevada com 100 % de fertilizante NPK (100-50-25 kg N-P-K/ha) em comparação com o controlo.

Verma *et al.* (2003) estudaram o efeito do fertilizante no rendimento e na economia do milho durante as épocas de *colheita* de 2000-01 e 2001-02 em Kanpur (Uttar Pradesh). Concluíram que a aplicação de 100% de FTR (120-60-40 kg N-P-K/ha) se revelou mais benéfica em termos de retorno momentâneo e de rácio benefício/custo.

Sahoo e Mahapatra (2007) realizaram uma experiência de campo em Jashipur (Odisha), durante as estações de inverno de 2002-03 e 2003-04, com milho doce, e revelaram que a aplicação de 12026,2-50 kg N-P-K/ha registou um lucro líquido significativamente mais elevado, entre 44215 e 45952 ₹/ ha, em relação ao controlo.

Panwar (2008) efectuou uma experiência de campo em 2001-02 e 2002-03 com milho *pré-rabi* no ICAR Research Complex for NEH Region, Umiam (Meghalaya). Registou um lucro líquido máximo de 12375 ₹/ ha e uma relação benefício/custo de (1,35) com 100% FTR em comparação com o controlo.

Dadarwal *et al.* (2009) conceberam uma experiência de campo em 2007, na estação *kharif*, em Udaipur (Rajasthan), com milho para bebé.
Mencionaram que a aplicação de 150% de FTR proporcionou um rendimento líquido significativamente mais elevado (18910 ₹/ ha) e um rácio custo-benefício (2,47) do que 100% de FTR (120-40-30 kg N-P-K/ha) ou 125% de FTR.

Singh e Nepalia (2009) iniciaram uma investigação no terreno em 2004-05, na estação das chuvas, em Udaipur (Rajastão). Observaram que a aplicação de 125% de FTR proporcionou um retorno líquido mais elevado (37600 ₹/ ha) e um rácio benefício: custo (2,83) do que 75% e 100% de FTR (90-40 kg N-P/ha).

Lingaraju *et al.* (2010) planearam uma experiência de campo na Estação Principal de Investigação Agrícola, Dharwad (Karnataka), durante as épocas de *colheita* de 2005-06 e 2006-07. Concluíram que a aplicação de 100 % de FTR (100-50-25 kg N-P-K/ha) registou rendimentos brutos significativamente mais elevados (52838 ₹/ ha), rendimentos líquidos (39188₹/ ha) e rácio benefício/custo (3,87) em comparação com outros tratamentos.

Singh *et al.* (2011) realizaram uma experiência de campo para estudar o efeito de fontes orgânicas e inorgânicas de nutrientes no crescimento, rendimento, qualidade e absorção de nutrientes pelo milho para bebé na época *da colheita* de 2004-05 em Varanasi (Uttar Pradesh). Registaram um retorno líquido máximo e um rácio benefício/custo (123989₹/ ha e 3,97, respetivamente) com 180-38,7-74,7 kg N-P-K/ha, que foi igual a 120-25,8-49,8 kg N-P-K/ha.

Uma experiência de campo foi realizada durante 2008-09 na estação das chuvas em Jhalawar (Rajastão) e observou que a aplicação de 150% de FTR obteve um rendimento líquido significativamente mais elevado (19251 ₹/ ha) e um rácio benefício/custo (1,90) em comparação com 100% de FTR (40-15-00 kg N-P-K/ha) (Tetarwal *et al.*, 2011)

Joshi *et al.* (2013) realizaram uma experiência em 2010 com milho *kharif* em Udaipur (Rajasthan). Revelaram que a aplicação de 100% de FTR (120-60-30 kg N-P-K/ha) registou um retorno líquido significativamente mais elevado (26600 ₹/ ha) e uma relação benefício: custo (1,84) do que o controlo.

A partir dos resultados de uma experiência de campo realizada na Pulse Research Station, Model Farm, Anand Agricultural University, Vadodara, (Gujarat) durante a estação *rabi* do ano 2009-10 por Raskar *et al.* (2013). Os resultados revelaram que o rácio benefício/custo mais elevado (2,21) foi encontrado sob a aplicação de azoto (160 kg N/ha) e fósforo (80 kg P/ha) no milho em relação a outros tratamentos.

2.2 Efeito combinado dos níveis de fertilizantes inorgânicos e fontes orgânicas

2.2.1 Efeito nos atributos de crescimento

Kumar *et al.* (2002) planearam uma experiência de campo durante a estação das chuvas de 1998-99 e 1999-2000 em milho híbrido em Kangra (Himachal Pradesh). Mostraram que a altura das plantas (233,4 cm) era significativamente mais elevada com a aplicação combinada de 100% RDF (12060 N-P kg/ha) + 10 t/ha FYM.

Pathak *et al.* (2002) efectuaram uma experiência de campo em 1983, nas estações de inverno e de *kharif*, com milho, na quinta da Universidade Agrícola de Birsa, Ranchi (Jharkhand), e referiram que a altura das plantas, o índice de área foliar, a acumulação de matéria seca, a taxa de assimilação líquida e a taxa de crescimento das culturas foram máximas quando se aplicou 75% de N-P-K através de fertilizante + 25% de N através de FYM (100% RDF 100-50-25 kg N-P-K/ha).

Louraduraj (2006) realizou um ensaio de campo durante 2002-2003 num solo argiloso em Coimbatore (Tamil Nadu) e referiu que a aplicação combinada de 100% de FTR (135-62,5-50 kg N-P-K/ha) com 5,0 t/ha de vermicomposto aumentou significativamente a altura das plantas, a acumulação de matéria seca e o índice de área foliar no milho, em comparação com outras combinações de tratamentos.

Dadarwal *et al.* (2009) realizaram uma experiência de campo na Universidade de Agricultura e Tecnologia Maharana Pratap, em Udaipur (Rajastão), com milho para bebé durante a estação das chuvas de 2007. Revelaram que a altura das plantas (239,9 cm) e a acumulação de matéria seca (80,08 g por planta) foram significativamente mais elevadas com 75% de N-P-K (100% FTR 120-40-30 kg N-P-K/ha) + composto de vermi de 2,25 t/ha + biofertilizante (*Azotobacter*).

Uma experiência de campo foi realizada durante a estação chuvosa de 2005-06 na cultura do milho em Rahuri (Maharashtra) por Shinde *et al.* (2011) e registou uma altura de planta significativamente mais elevada (210,78 cm) e acumulação de matéria seca (245,46 g) com a aplicação de 100% FTR (% através de FYM + % através de ureia) em comparação com 50% FTR (60-30-30 kg N-P-K/ha).

Uma experiência de campo foi iniciada na Universidade de Agricultura e Tecnologia Maharana Pratap, Udaipur (Rajastão) em duas estações chuvosas consecutivas de 2008 e 2009 por Tetarwal *et al.* (2011) e concluiu que a aplicação de 100% RDF (40-15 kg N-P/ha) + 10 t/ha FYM resultou numa altura de planta significativamente mais elevada e na acumulação de matéria seca na fase de colheita em relação ao controlo.

Jadhav *et al.* (2012) planearam uma experiência na Faculdade de Agricultura, Pune (Maharashtra) durante 2009-10 no milho *kharif* e sugeriram que a aplicação de GRDF (120-60-40 kg N-P-K/ha + 10 t/ha FYM) registou uma altura de planta e acumulações de matéria seca significativamente mais elevadas do que o resto dos tratamentos.

Shilpashree *et al.* (2012) efectuaram um estudo de campo durante a *Kharif* 2009 na Faculdade de Agricultura, UAS, Dharwad (Karnataka) e referiram que se observou uma maior acumulação de matéria seca, indicada pela altura das plantas, número de folhas por planta, área foliar e índice de área foliar, com a aplicação de 100% de FTR (100-50-25 kg N-P-K/ha) + 7,5 t/ha de FYM.

Ravi *et al.* (2012) realizaram uma experiência de campo durante o verão de 2010 em Agricultural Research Station, Arabhavi (Karnataka) e registaram componentes de crescimento significativamente mais elevados, como a altura da planta (187,8 cm), o índice de área foliar (4,7) e a produção total de matéria seca (309,4 g por planta) no milho, com FYM 10 t/ha + 100 % RDF (150-75-37,5 kg N-P-K/ha) em relação aos restantes tratamentos.

A experiência foi conduzida durante o *kharif* 2010 na Instructional Farm, Rajasthan College of Agriculture, Udaipur (Rajasthan) para estudar o efeito da gestão integrada de nutrientes no crescimento, produtividade e economia do milho por Joshi *et al.* (2013). A aplicação de RDF (120-60-30 kg/ha) + FYM @ 10 t/ha resultou em altura máxima da planta, produção de matéria seca e índice de área foliar (3,36), que foi 96,5% superior ao controlo.

Um estudo de campo foi realizado em Manakkadavu Pollachi, (Tamil Nadu) durante a estação *rabi* de 2012 e 2013 em milho por Kannan *et al.* (2013) e descobriu que a aplicação de vermicomposto e RDF aumentou significativamente a altura da planta e o índice de área foliar em comparação com o controlo.

2.2.2   Efeito nos atributos de rendimento e no rendimento

Singh *et al.* (1999) efectuaram um ensaio de campo durante 199396 no IARI, Nova Deli. Eles relataram que a aplicação de RDF (120-60-40 kg N-P-K/ha) + 15 t/ha FYM teve um bom desempenho tanto no rendimento de grãos como de palha de milho. Resultados semelhantes de rendimento foram relatados por Anand e Ghosh (1979), bem como por Nambiar e Ghosh (1984).

Dayana e Abraham (2001) relataram que o número máximo de espigas e rendimento de grãos (10,5 t/ha) foram observados no tratamento que recebeu fertilizantes inorgânicos (150-60-60 kg N-P-K/ha) com FYM @ 1,1 t/ha + estrume de aves de capoeira @ 1,1 t/ha + vermicomposto @ 1,1 t/ha para o milho de inverno.

Nanjappa *et al.* (2001) avaliaram uma experiência de campo durante 1997 e 1998 num solo franco-arenoso em Bangalore (Karnataka) e descobriram que a aplicação combinada de 50 ou

75% da dose recomendada de fertilizante com FYM @ 12 t/ha ou vermicomposto @ 2,7 t/ha melhorou a produtividade do milho em comparação com a aplicação de apenas fertilizante inorgânico ou fontes orgânicas.

Kumar *et al.* (2002) efectuaram uma experiência de campo durante a estação das chuvas de 1998-99 e 1999-2000 em Kangra (Himachal Pradesh). Registaram um aumento significativo de grãos por espiga, peso de teste, rendimento de grãos (5665 kg/ha) e rendimento de palha (6484 kg/ha) com a aplicação de 100% RDF (120-60 N-P kg/ha) + 10 t/ha FYM em milho híbrido.

Pathak *et al.* (2002) efectuaram uma experiência de campo durante a época de inverno e da colheita de 1997-98 e 1998-99 num solo argiloso bem drenado na quinta da Universidade Agrícola de Birsa, Ranchi (Jharkhand). Os resultados revelaram que as espigas por planta, o comprimento da espiga, a circunferência da espiga e o peso do teste do milho foram máximos com 75% de N através de FTR (100% FTR 100-50-25 kg N-P-K/ha) + 25% de N através de FYM.

Louraduraj (2006) realizou uma experiência durante 2002-03 com milho de inverno em Coimbatore (Tamil Nadu). Observou que a aplicação de 100% de FTR (135-62,5-50 kg N-P-K/ha) juntamente com vermicomposto 5 t/ha registou um rendimento de grãos significativamente mais elevado (5560 kg/ha) em relação a outras combinações de tratamento.

Pawar e Patil (2007) observaram na Universidade de Ciências Agrícolas de Dharwad (Karnataka), num solo franco-arenoso, que a aplicação de vermicomposto 5 t/ha e 100% de FTR registou rendimentos de grãos (72,50 q/ha) e de palha (81,89 q/ha) significativamente mais elevados do que outros tratamentos no milho.

Tripathi *et al.* (2007) planearam uma experiência de campo com milho durante 2002-03 e 2003-04 no milho *kharif* em Gajraula (Uttar Pradesh) e concluíram que a maior produção de espigas foi observada com 5 t/ha de bio-composto juntamente com 75% de FTR (100% FTR 120-6060 kg N-P-K/ha).

Channabasavanna *et al.* (2008) realizaram uma experiência de campo durante as épocas *de* 2003-04 e 2004-05 na Estação de Investigação Agrícola, Siruguppa (Karnataka) e revelaram que a aplicação de FYM @10t/ha ou vermicomposto @2,5 t/ha com 100% RDF (150-75-37,5 kg N-P-K/ha) registou um rendimento de grãos de milho significativamente mais elevado.

Dadarwal *et al.* (2009) planearam uma experiência de campo na Universidade de Agricultura e Tecnologia Maharana Pratap, em Udaipur (Rajastão), durante a estação das chuvas de 2007, e revelaram que o rendimento do milho para bebé e da forragem verde foi significativamente mais elevado com 75% de FTR (90-45-45 kg N-P-K/ha)+ vermicomposto de 2,25 t/ha + biofertilizante (*Azotobacter*) em relação aos restantes tratamentos.

Tetarwal *et al.* (2011) realizaram uma experiência de campo na Universidade de Agricultura e Tecnologia Maharana Pratap, Udaipur (Rajastão), durante 2008-09, com milho de sequeiro e concluíram que a aplicação de 100% de FTR (40-15 kg N-P/ha) + 10 t/ha de FYM resultou em espigas mais altas por planta, grãos por espiga, rendimento de grãos (3,12 t/ha) e rendimento biológico (7,79 t/ha) em relação aos outros tratamentos.

Jadhav *et al.* (2012) realizaram uma experiência de campo na Faculdade de Agricultura de Pune (Maharashtra) durante a *colheita de* 2009-10 com milho e sugeriram que a aplicação de GRDF (120-60-40 kg N-P-K/ha + 10 t/ha FYM) registou um peso de grão por espiga significativamente mais elevado (148,10 g) do que os restantes tratamentos. As espigas por planta (1,55 cm), o rendimento de grãos (52,96 q/ha) e o rendimento de palha (158,80 q/ha) foram significativamente mais elevados com o GRDF.

Ravi *et al.* (2012) realizaram uma experiência de campo durante o verão de 2010 com milho na Agricultural Research Station, Arabhavi (Karnataka). Relataram que a aplicação de 10 t/ha de FYM + 100 % de RDF (150-75-37,5 kg N-P-K/ha) registou rendimento de grão significativamente mais elevado (71,79 q/ha) em relação aos restantes tratamentos.

Joshi *et al.* (2013) realizaram uma experiência com milho durante a *colheita* de 2010 em Udaipur (Rajasthan). Sugeriram que os valores máximos para quase todos os parâmetros de crescimento, *nomeadamente* o número de espigas por planta, o peso do teste, o peso da espiga e o peso dos grãos por espiga, foram obtidos com 100% de FTR (120-60-30 kg N-P-K/ha) + FYM @ 10 t/ha.

Kannan *et al.* (2013) efectuaram um estudo de campo em Manakkadavu Pollachi, (Tamil Nadu) durante o *rabi* de 2012 e 2013 sobre o milho. Verificaram que a aplicação de vermicomposto e FTR mostrou a sua superioridade no que respeita a parâmetros de rendimento como o número de grãos por espiga, o peso de 100 sementes e o rendimento (4112 kg/ha).

2.2.3   Efeito na qualidade

Kamalakumari e Singaram (1996) efectuaram uma experiência com milho no Agriculture College and Research Institute, Coimbatore (Tamil Nadu). Observaram açúcares redutores significativamente mais elevados (1,08%), açúcares totais (1,31%), proteínas brutas (12,19%), amido (60,20%), hidratos de carbono totais (65%) e fenol (0,18%) com a aplicação de 100% de FTR (135-67,5-35 kg N-P-K/ha) juntamente com 10 t/ha de FYM.

Singaram e Kamalakumari (1999) planearam uma experiência de campo na Tamil Nadu Agricultural University, Coimbatore (Tamil Nadu). Os resultados mostraram que os açúcares redutores (1,08%), os açúcares não redutores (0,23%), os açúcares totais (1,31%), a proteína bruta (12,19%), o amido (60,20%), os hidratos de carbono totais (65%) e o fenol (0,18%) foram significativamente mais elevados com a aplicação de 100% de FTR (135-67,5-35 kg N-P-K/ha) juntamente com 10 t/ha de FYM.

Raja (2001) realizou uma experiência de campo durante as estações de inverno de 1994 e 1995 na Estação de Investigação do Milho, Amberpet, Hyderabad (Andhra Pradesh) e revelou que os parâmetros de qualidade, *nomeadamente o* açúcar total, o açúcar redutor, o açúcar não redutor e as proteínas, melhoraram significativamente com a aplicação de 80 kg de N/ha através de estrume orgânico.

Os resultados de uma experiência de campo realizada na Faculdade de Agricultura de Pune (Maharashtra) com milho doce por Dalavi *et al.* (2009) revelaram que a aplicação de 100% de FTR (120-60-60 kg N-P-K/ha) + 10 t/ha de FYM produziu açúcares redutores mais elevados, açúcares não redutores e açúcares redutores totais. No caso do teor de proteínas, o resultado não foi significativo no grão.

Uma experiência de campo foi iniciada por Singh *et al.* (2011) em solo franco-arenoso em Varanasi (Uttar Pradesh) durante a estação *pré-kharif* de 2004-05 e relatou que a aplicação de 75% RDF (100% RDF 180-38,7-74,7 kg N-P-K/ha) + 25% FYM não conseguiu expressar qualquer resultado significativo para o teor de proteína no grão de milho.

2.2.4   Efeito no teor e absorção de nutrientes e no estado do solo

Kumar *et al.* (2002) efectuaram uma experiência de campo durante a estação das chuvas de 1998-2000 em Kangra (Himachal Pradesh). Observaram uma melhoria significativa na absorção de NPK pelo milho híbrido, NP disponível e carbono orgânico no solo com a aplicação de 100% de FTR (120-60-40 kg N-P-K/ha) + 10 t/ha de FYM.

Mundra *et al.* (2002) efectuaram uma experiência de campo durante a estação das chuvas de 1997-98 na Instructional Farm, Rajasthan College of Agriculture, Udaipur (Rajasthan). Eles concluíram que a aplicação de 100% de N-P (90-35 kg/ha) através de fertilizante e FYM @10 t/ha foram encontrados significativamente no aumento da absorção total de N e P pelo milho em comparação com outros tratamentos.

Jamwal (2006) realizou uma experiência durante as estações de inverno e de *kharif* de 1998-99 e 1999-2000 na Dry Land Research Sub Station, Rakh Dhiansar, Bari-Brahmana (Jammu e Caxemira) com milho e referiu que a aplicação de 50 % de FTR (100% FTR 60-40-20 NPK kg/ha) juntamente com 50% de FYM melhorou significativamente o estado disponível de N, P e K do solo em relação ao controlo.

Pawar e Patil (2007) estudaram o efeito do vermicomposto e do nível de fertilizante no rendimento e na absorção pelo milho na Universidade de Ciências Agrícolas, Dharwad (Karnataka). Sugeriram que a aplicação de vermicomposto 5 t/ha juntamente com 100% de FTR registou a absorção máxima de NPK e Ca, Mg, S, Zn, Mn, Cu e Fe em relação a outros tratamentos e a quantidade disponível de N, P, K e S no solo após a colheita da cultura do milho foi de 249,42, 41,47, 460,22 e 17,61 kg/ha, respetivamente, no tratamento com vermicomposto 5 t/ha e 100% de FTR.

Enquanto trabalhavam em Gajraula (Uttar Pradesh), Tripathi *et al.* (2007) trabalharam com milho nas épocas de *colheita de* 2002-03 e 2003-04. Concluíram que a aplicação de biocomposto 5 t/ha com 75% de N e P através de fertilizante (100% RDF 120-60-60 kg N-P-K/ha) registou maior carbono orgânico disponível e N no solo após a colheita.

Singh e Nepalia (2009) realizaram uma experiência na Faculdade de Agricultura de Rajasthan, Udaipur (Rajasthan), durante a estação das chuvas de 2004-05. Relataram que a aplicação de vermicomposto (5 t/ha) com 100% de FTR (9-40 kg N-P/ha) no milho melhorou o teor de carbono orgânico, o estado de N e P do solo do que o controlo.

Uma experiência de campo foi iniciada por Tetarwal *et al.* (201 1) durante 2008-09 na Universidade Maharana Pratap de Agricultura e Tecnologia, Udaipur (Rajastão) e concluiu que a aplicação de 100% RDF (40-15-00 kg N-P-K/ha) + 10 t/ha FYM registou a máxima absorção de NPK pelo milho e o estado disponível de N e P foi aumentado em 1,28 e 14,89 %, respetivamente, em relação ao estado inicial de fertilidade do solo.

Singh *et al.* (2012) realizaram uma experiência de campo durante 2007-08 com milho *kharif* na Instructional Farm of Agronomy, Rajasthan College of Agriculture, Udaipur (Rajasthan). Verificaram que a aplicação de FYM @ 10 t/ha juntamente com 100% RDF (12026,21-33,2 kg N-P-K/ha) registou uma absorção significativamente mais elevada de azoto e fósforo por grão, palha e absorção total pela cultura em relação ao controlo.

2.2.5 Efeito na economia

Kumar *et al.* (2002) efectuaram uma experiência de campo durante as épocas de *kharif* de 1998-99 e 1999-2000 com milho híbrido em condições de sequeiro em Himachal Pradesh. Registaram um rendimento líquido máximo (18698 ₹/ ha) e um rácio benefício/custo (2,73) com a aplicação de 100% de FTR (120-60-40 kg N-P-K/ha) + 10 t/ha de FYM.

Pathak *et al.* (2002) realizaram uma experiência de campo durante as estações de inverno e de *kharif* de 1997-98 e 1998-99 num solo argiloso bem drenado na quinta da Universidade Agrícola de Birsa, Ranchi (Jharkhand) e referiram que foi obtido um rácio benefício/custo significativamente mais elevado de 1,27 com 75% de N através de FTR + 25% de N através de FYM no milho (100% FTR 100-50-25 kg N-P-K/ha).

Dadarwal *et al.* (2009) realizaram uma experiência na Universidade de Agricultura e Tecnologia Maharana Pratap, em Udaipur (Rajastão), durante a estação das chuvas de 2007. Mostraram que os rendimentos líquidos significativamente mais elevados (26815 ₹/ ha) e o rácio benefício/custo (2,38 : 1) foram obtidos com 75% de N-P-K (100% FTR 120-4030 kg N-P-K/ha) + vermicomposto de 2,25 t/ha + biofertilizante (*Azotobacter*) em relação aos restantes tratamentos.

Singh e Nepalia (2009) planearam uma experiência na Faculdade de Agricultura de Rajasthan, Udaipur (Rajasthan), durante a estação das chuvas de 2004-05. Os autores referiram que a aplicação de vermicomposto (5 t/ha) com fertilizante químico no milho registou um retorno líquido e uma relação benefício/custo máximos em comparação com o controlo.

Lingaraju *et al.* (2010) observaram que a FYM @ 7,5 t/ha + 100 % RDF registou rendimentos líquidos significativamente mais elevados.

Shanwad *et al.* (2010) realizaram uma experiência durante 2005-06 e 2006-07 com milho *kharif* na Estação Principal de Investigação Agrícola (MARS), Dharwad (Karnataka). Concluíram que o tratamento FYM @ 7,5t/ha + 100% RDF (100-50-25 kg N-P-K/ha) registou rendimentos brutos (69059 ₹/ ha) e rendimentos líquidos (51659 ₹/ ha) significativamente mais elevados do que o tratamento com fertilizante químico.

Tetarwal *et al.* (2011), ao trabalharem em Udaipur (Rajastão) com milho, concluíram que a aplicação de 100% de CDR (40-15-00 kg N-P-K/ha) + 10 t/ha FYM resultou em retornos líquidos máximos (13741 ₹/ ha) e relação benefício: custo (0,93) sobre o controlo.

Ravi *et al.* (2012) realizaram uma experiência de campo com milho de verão em 2010 na Agricultural Research Station, Arabhavi (Karnataka). Registaram retornos brutos significativamente mais elevados (98727 ₹/ ha), retornos líquidos (69100 ₹/ ha) e rácio benefício: custo (3,33) no FYM 10 t/ha + 100% RDF (150-7537,5 kg N-P-K/ha) em relação aos restantes tratamentos.

Capítulo 3
III MATERIAIS E MÉTODOS

Foi realizada uma experiência de campo intitulada "Efeito de vários níveis de fertilizantes e fontes orgânicas no milho *rabi* nas condições do sul de Gujarat" durante a época *rabi* de 2012-13. Os pormenores dos materiais utilizados e dos métodos adoptados durante a investigação são descritos neste capítulo.

3.1 Sítio experimental

O presente estudo foi efectuado na parcela D-16 da quinta da faculdade, N. M. College of Agriculture, Navsari Agricultural University, Navsari, durante a estação *rabi* de 2012-13. O campus da Universidade Agrícola de Navsari está geograficamente localizado a 20° 57' de latitude N e 72° 54' de longitude E, a uma altitude de 10 metros acima do nível médio do mar. O local situa-se a 12 km, a leste, do grande local histórico "Dandi", na costa do mar Arábico.

3.2 Clima e condições meteorológicas

De acordo com as condições agro-climáticas, Navsari situa-se na zona I de precipitação intensa do sul de Gujarat (situação agro-ecológica - III). O clima desta zona é tipicamente tropical, caracterizado por monções húmidas e quentes com chuvas intensas, um inverno moderadamente frio e um verão bastante quente. A precipitação média anual do sector é de cerca de 1500 mm. A monção começa na segunda quinzena de junho e termina no final de setembro. No entanto, a maior parte da chuva é recebida durante os meses de julho e agosto. O Quadro 1. Dados meteorológicos semanais médios para a época de colheita do ano 2012-13 registados na quinta da faculdade, N.A.U., Navsari

Mês e ano	Std. semana	Data	Temperatura (°C)		Humidade relativa (%)		Horas/dia de luz solar
			Máximo.	Min.	M.	Ev.	
Out.	43	22-28	35.7	21.0	71.87	32.43	8.5
2012	44	29-04	34.0	18.7	61.86	30.86	7.2
	45	05-11	33.8	16.8	70.14	32.57	9.3
Nov.	46	12-18	33.9	18.2	73.71	35.14	8.7
2012	47	19-25	32.3	14.1	69.86	23.28	8.7
	48	26-02	32.1	13.7	84.00	32.71	8.7
	49	03-09	33.4	19.2	67.57	32.71	6.3

Dez.	50	10-16	30.9	15.5	85.71	37.43	7.8
2012	51	17-23	32.1	17.3	66.00	31.57	8.1
	52	24-30	31.1	14.8	66.86	30.43	8.7
	1	31-06	28.5	10.5	88.00	43.00	6.2
	2	07-13	29.6	12.3	70.86	36.37	8.9
Jan.	3	14-20	29.6	12.0	88.86	49.43	7.9
2013	4	21-27	30.0	13.8	75.74	36.26	8.3
	5	28-03	31.5	15.0	86.26	35.70	6.5
	6	04-10	29.3	15.5	75.37	33.57	7.1
Fev.	7	11-17	33.3	18.5	73.16	29.00	7.6
2013	8	18-24	32.4	15.0	69.43	25.14	9.7
	9	25-03	33.1	14.5	67.76	28.96	9.5

Max= Máximo, Min= Mínimo, M= Manhã e EV= Tarde

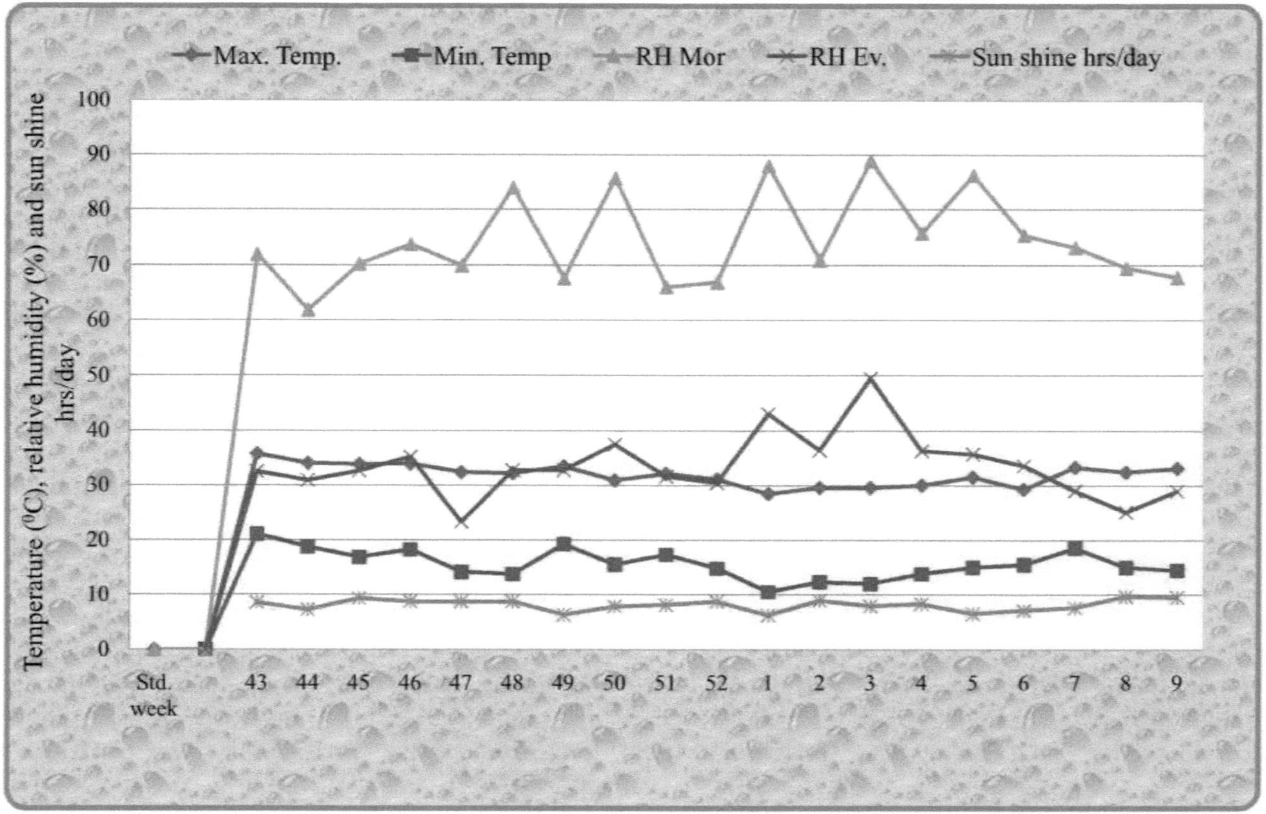

Figura 1. Dados meteorológicos semanais médios para a época de colheita do ano 2012-13 registados na quinta da faculdade, N.A.U., Navsari

O inverno instala-se geralmente no final de outubro. A temperatura começa a baixar a partir de meados de novembro. dezembro e janeiro são os meses mais frios da estação. Normalmente, a estação do verão começa em meados de fevereiro e a temperatura atinge o máximo em abril e maio, pelo que estes dois meses são os mais quentes.

Os dados meteorológicos semanais médios relativos à temperatura máxima e mínima, humidade relativa, horas de sol brilhante para o período de experimentação (26 de outubro de 2012 a 26 de fevereiro de 2013) registados no Observatório Meteorológico, College Farm, N.M. College of Agriculture, Navsari Agricultural University, Navsari são apresentados no Quadro 1 e representados graficamente na Figura 1.

É evidente a partir dos dados apresentados no Quadro 1 que a temperatura máxima e mínima variou entre 35,7 e 28,5 °C, e 21,0 e 10,5 °C, respetivamente. A humidade relativa da manhã e da tarde variou entre 88,86 e 61,86 e 49,43 e 23,28 %, respetivamente. As horas de sol diárias variam de 9,7 a 6,2 horas. Os dados mostram que o clima é normal e moderadamente favorável ao crescimento e desenvolvimento satisfatórios do milho.

3.3 Propriedades físico-químicas do solo experimental

O campo experimental era bastante nivelado e uniforme. O solo do sul de Gujarat é conhecido localmente como solo negro pesado. O solo da College Farm, Navsari, foi colocado sob a grande

Quadro 2. Propriedades físico-químicas iniciais do solo do campo experimental (parcela D-16)

Particular	Profundidade do solo (0-30 cm)	Método de análise
1. composição mecânica		
Areia (%)	13.17	
Silte (%)	19.39	Método da pipeta internacional (Piper, 1950)
Argila (%)	66.56	
Classe textural	Argila	
2. propriedades químicas		
CE (1:2.5) (dS/m)	0.36	Método Schofield (Jackson, 1967)
pH do solo (rácio solo: água de 1:2,5)	7.8	Medidor de pH potenciométrico (Jackson, 1967)
Carbono orgânico (%)	0.45	Método Walkley e Black (Jackson, 1967)
Azoto disponível (kg/ha)	169.43	Método do $KMnO_4$ alcalino (Subbaiah e Asija, 1956)

P₂O₅ disponível (kg/ha)	31.73	Método de Olsen (Jackson, 1967)
K₂O disponível (kg/ha)	359.53	Método fotométrico de chama (Jackson, 1967)

grupo *Ustochrepts* com a série Jalalpore. O solo do campo experimental era do tipo castanho-acinzentado escuro com topografia plana. O solo é caracterizado por uma drenagem média a má e uma boa capacidade de retenção de água. O mineral de argila predominante é a montmorilonite.

A amostra representativa do solo foi recolhida a uma profundidade de 0-30 cm cobrindo toda a área do campo experimental antes da sementeira. A amostra foi analisada em relação a várias propriedades físicas e químicas do solo. Os resultados são apresentados no Quadro 2.

Os dados apresentados no quadro 2 revelam que o solo do campo experimental era de textura argilosa e apresentava uma classificação baixa, média e muito elevada para o azoto, o fósforo e o potássio disponíveis, respetivamente. O solo era ligeiramente alcalino (pH 7,8) com uma condutividade eléctrica normal.

3.4 Historial das culturas no campo experimental

Os detalhes das culturas cultivadas no campo experimental em diferentes estações, juntamente com as práticas de adubação seguidas durante os últimos três anos, são apresentados no Quadro 3.

3.5 Detalhes experimentais

Os pormenores da experiência são apresentados a seguir.

3.5.1 Título da experiência

"Efeito de vários níveis de fertilizantes e fontes orgânicas no milho *rabi* nas condições do sul de Gujarat"

Quadro 3. Historial das culturas no campo experimental

Ano	Época	Cultura	Fertilizante aplicado (kg/ha)		
			N	P	K
	Quaresma	Pousio	-	-	-
2009 2010	*Rabi*	Rajgira	100	50	50
	verão	Calêndula	90	90	75
	Quaresma	Sorgo	80	40	0
2010 2011	*Rabi*	Pousio	-	-	-
	verão	Grama verde	20	40	0
2011 2012	*Quaresma*	Algodão	100	50	0
	Rabi	Pousio	-	-	-

	verão	Milho de pérola	80	40	0
2012 2013	*Quaresma*	Pousio	-	-	-
	Rabi	Milho (inquérito atual)	Conforme o tratamento		

3.5.2 Disposição

Os pormenores da disposição são os indicados na figura 2.

a) Detalhes do tratamento

Os tratamentos com estrume e fertilizantes basearam-se na dose recomendada de azoto para fertilizantes, como se segue (FTR 120-60-00 kg N-P-K/ha)

T1- 100% FTR
T2-   100% RDF + FYM @ 10 t/ha
T3 - 75% FTR + Bio-composto @ 5 t/ha
T4 - 75% FTR + Vermicomposto@ 3 t/ha
T5 - 75% FTR + FYM @ 10 t/ha
T6- Controlo

b) Ano de início : *Rabi*, 2012-13
c) Conceção experimental : Desenho de blocos aleatórios
d) Número de réplicas : 4 (Quatro)
e) Número de tratamentos : 6 (Seis)
f) Número total de parcelas : 24
g) Cultura e variedade : Milho var. GM-6
h) Taxa de sementeira : 20 kg/ha
i) Espaçamento : 60 cm X 20 cm
j) Tamanho do lote : Bruto : 5,0 m X 3,6 m
                    : Rede   : 3,8 m X 2,4 m
k) Área experimental total : 590.4 m^2

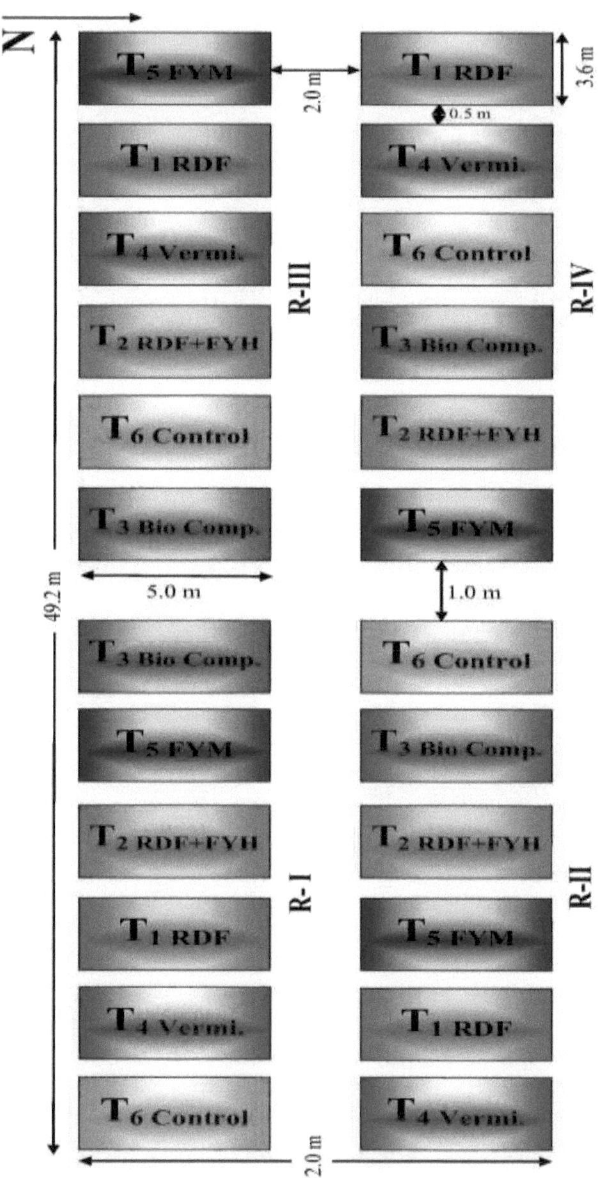

Figura 2. Plano de implantação da experiência com milho *rabi*

3.6 Operações no terreno

O calendário das operações de pré-sementeira e pós-sementeira efectuadas durante o período de inquérito é apresentado no quadro 4. Os pormenores relativos às várias operações de campo seguidas são aqui descritos.

3.6.1 Preparação do terreno e traçado

O campo experimental foi preparado com alfaias puxadas por trator. O campo foi cultivado em ambas as direcções, seguido de plantação para nivelar e compactar a sementeira. A disposição experimental foi feita através da preparação de camalhões por trabalhadores manuais. Em seguida, os tratamentos foram distribuídos aleatoriamente em cada repetição, como mostra a Figura 2.

3.6.2 Aplicação de fertilizantes

As parcelas experimentais foram fertilizadas de acordo com os tratamentos e a faixa foi colocada manualmente antes da sementeira em sulcos abertos com um espaçamento de 60 cm entre duas linhas, a profundidade de colocação foi de 5 cm abaixo da superfície do solo. Toda a dose de fósforo foi aplicada como aplicação basal sob a forma de DAP imediatamente antes da sementeira nos sulcos e o fertilizante azotado foi calculado e metade foi aplicado como aplicação basal e a restante metade da dose de azoto foi aplicada em cobertura como ureia, de acordo com o tratamento mencionado no Quadro 4.

3.6.3 Composição química da FYM, do vermicomposto e do bio-composto

Para a estimativa de azoto, fósforo e potássio na FYM, vermicomposto e biocomposto, foram retiradas amostras representativas destes materiais e analisadas quanto ao teor de N, P e K. Os valores do teor de N, P e K, juntamente com o procedimento seguido para a estimativa, são apresentados de seguida.

Conteúdo	FYM (%)	Composto de Vermi (%)	Bio-composto (%)	Procedimento seguido
Nitrogénio	0.70	1.6	1.1	Método de Kjeldahl
Fósforo	0.43	0.9	1.0	Método do amarelo de vanadomolibdo
Potássio	0.72	1.0	0.8	Método do fotómetro de chama

3.6.4 Sementes e sementeiras

As sementes de milho da variedade GM-6 recebidas da Main Maize Research Station, Anand Agricultural University, Godhra (Gujarat) foram utilizadas para esta experiência. A quantidade necessária de sementes foi calculada para a área experimental e as sementes foram tratadas com thirum a 3 g/kg de semente antes da sementeira. A partir das sementes tratadas, foi pesada a quantidade de sementes por parcela e as sementes foram semeadas a 5 cm de profundidade nos mesmos sulcos fertilizados a 26 de outubro de 2012 com o espaçamento de 60 cm X 20 cm. As sementes foram devidamente cobertas com terra e foi aplicada uma ligeira irrigação em cada parcela imediatamente após a sementeira.

3.6.5 Caraterísticas salientes da variedade

A variedade Gujarat Maize-6 foi lançada para cultivo no ano 2002 nas zonas de cultivo de milho do Estado de Gujarat. As caraterísticas dignas de nota desta variedade são o facto de ter sido desenvolvida e avaliada exaustivamente através da abordagem de melhoramento vegetal participativo dos agricultores (PPB). Trata-se de uma variedade composta extra-precoce (75-80 dias), que escapa à seca e de grão branco para o ambiente marginal da cintura tribal dos estados indianos de Gujarat, Rajasthan e Madhya Pradesh. Tem também uma melhor resistência ao míldio do sul, à risca castanha, ao míldio e à mancha foliar da curvalária.

3.6.6 Preenchimento de lacunas e desbaste

Após duas semanas de sementeira, procedeu-se ao preenchimento das lacunas e ao desbaste sempre que necessário para manter um estande ótimo de plantas nos diferentes tratamentos.

3.6.7 Irrigação

A primeira irrigação foi dada logo após a sementeira para uma germinação adequada, enquanto as restantes cinco irrigações foram aplicadas a todas as parcelas experimentais, como mencionado no Quadro 4.

3.6.8 Monda e intercultura

Para um controlo eficaz das ervas daninhas na parcela experimental, a aplicação pré-emergente de atrazina @ 1,0 kg/ha foi pulverizada uniformemente. A monda e a intercalação foram também efectuadas aos 25 (DAS) em todas as parcelas.

Quadro 4. Calendário das operações de campo importantes

Sr. Não.	Operação no terreno	Data da ação
(A)	**Operações de pré-sementeira**	
1.	Lavoura com trator	22-10-2012
2.	Preparação do terreno com a terraplanagem, limpeza e aplainamento	24-10-2012
3.	Esquema da experiência	25-10-2012
4.	Abertura de sulcos	25-10-2012
5.	Aplicação de fertilizantes	26-10-2012
(B)	**Semeadura por diblagem**	26-10-2012
(C)	**Pulverização de herbicida de pré-emergência**	26-10-2012
(D)	**Operação pós-sementeira**	
1.	Preenchimento de lacunas e desbaste	09-11-2012
2.	Monda e intercultura	20-11-2012

		26-10-2012
3.	Irrigações	26-10-2012 09-11-2012 05-12-2012 29-12-2012 21-01-2013 08-02-2013
4.	Medidas de proteção das plantas Phorate 10G	26-11-2012

5.	Gestão de nutrientes (de acordo com o tratamento)
	   (a) Total de FYM, vermicomposto e biocomposto (como cobertura basal)
	(b) Dose completa de fósforo + 50% de azoto (como adubo basal)
	   (c) Azoto 25% (como adubação de cobertura)
	   (d) Azoto 25% (como adubação de cobertura)
		26-10-2012
		26-10-2012
		13-11-2012
		29-12-2012

6.	Colheita da cultura	26-02-2013
7.	Debulha	11-03-2013

3.6.9   Proteção das plantas

Em geral, o stand da cultura foi satisfatório e não houve incidência severa de doenças e ataques de pragas, no entanto, a cultura foi ligeiramente infestada pela broca do caule (*Chilo partellus Swinh*) na fase inicial. Para um controlo eficaz, foi efectuada a aplicação de forato 10 G @ 10 kg/ha aos 30 DAS.

3.6.10   Colheita

Após a maturidade da cultura, a colheita foi efectuada retirando as espigas da planta. Posteriormente, as plantas foram colhidas por foice em cada parcela. Foram colhidas aleatoriamente cinco plantas de cada parcela da rede para registar observações biométricas e o produto dessas plantas foi adicionado ao produto da respectiva parcela da rede. As espigas foram colhidas separadamente das linhas fronteiriças e da área da parcela em rede e deixadas a secar ao sol durante cerca de dez dias. Após a secagem das espigas, a debulha foi feita separadamente para cada parcela da rede e o rendimento do grão foi registado. As plantas da linha limítrofe e da área da parcela em rede foram colhidas separadamente e a produção de palha foi registada para cada parcela em rede.

3.7   Observações biométricas

As observações biométricas foram registadas em cinco plantas selecionadas aleatoriamente de cada parcela da rede e marcadas para registar os parâmetros de crescimento e de rendimento. Os pormenores das técnicas utilizadas para as observações pré e pós-colheita são descritos a seguir.

3.7.1   Estudos pré-colheita

3.7.1.1   População de plantas

O número total de plantas foi contado em cada parcela de rede aos 15 DAS e imediatamente antes da colheita da cultura e registado separadamente.

3.7.1.2   Altura da planta (cm)

A altura periódica das plantas aos 30, 60 DAS e na colheita foi medida a partir do nível do solo até à ponta do rebento principal das cinco plantas selecionadas de cada parcela da rede. Os valores médios de cada parcela em cada fase foram calculados e registados.

3.7.2   Estudos pós-colheita

3.7.2.1   Número de espigas por planta

O número total de espigas de cinco plantas da amostra foi contado para os respectivos tratamentos e os valores médios foram registados.

3.7.2.2 Número de grãos por espiga

As espigas selecionadas aleatoriamente para determinação do comprimento médio foram também submetidas ao registo do número de grãos por espiga e calculou-se o número médio de grãos por espiga.

3.7.2.3 Comprimento da espiga (cm)

As cinco espigas das cinco plantas marcadas foram utilizadas para estudar este carácter. O comprimento das cinco espigas foi medido em centímetros desde a extremidade inferior até à ponta da espiga e foram registados os valores médios.

3.7.2.4 Percentagem de descasque

Pesar 10 espigas selecionadas ao acaso. Separar os grãos da espiga e pesar os grãos. Calcular a percentagem de descasque utilizando (peso do grão/peso da espiga) x 100.

$$\text{Shelling percentage} = \frac{\text{Grain weight}}{\text{Cob weight}} \times 100$$

3.7.2.5 Índice de sementes (g)

Cem grãos de milho foram contados a partir de uma amostra composta de cada parcela de rede, pesados e registados separadamente.

3.7.2.6 Rendimento de grãos e palha

3.7.2.6.1 Rendimento de grãos (t/ha)

As espigas de todas as plantas de cada parcela da rede foram colhidas separadamente e deixadas a secar ao sol durante cerca de dez dias. Após a secagem completa das espigas, os grãos foram separados das espigas com a ajuda de varas de madeira. O produto obtido desta forma foi limpo e pesado. O peso total dos grãos por parcela, após a adição do peso dos grãos de cinco plantas de amostra, foi registado e finalmente convertido numa base hectare.

3.7.2.6.2 Rendimento de palha (t/ha)

Após a colheita das espigas das plantas, as plantas foram colhidas separadamente nas parcelas da rede e deixadas a secar ao sol durante cerca de dez dias no campo. Em seguida, foram atadas em feixes de tamanho adequado e foi registada a produção de palha por parcela da rede. O rendimento total em palha por parcela, depois de adicionado o peso da palha de cinco plantas de amostra, foi registado e finalmente convertido em base hectare.

3.7.2.7 Índice de colheita (%)

O índice de colheita foi calculado utilizando a fórmula sugerida por Donald (1963) e registado separadamente para cada tratamento.

$$\text{HI} = \frac{\text{Grain yield (t/ ha)}}{\text{Grain yield (t/ ha)} + \text{Straw yield (t/ ha)}} \times 100$$

3.8 Parâmetros de qualidade

Os estudos dos parâmetros de qualidade relativos ao teor de proteínas do milho foram determinados de acordo com o método descrito no presente documento.

3.8.1 Teor de proteínas (%)

O teor de proteínas do milho foi calculado com base no teor de azoto do grão, de acordo com a seguinte fórmula

Teor de proteínas (%) = Teor de azoto (%) X 6,25

3.8.2 Rendimento proteico (kg/ha)

O rendimento proteico foi calculado através da seguinte fórmula.

$$\text{Protein yield (kg/ha)} = \frac{\text{Protein content in grain (\%)} \times \text{Grain yield (kg/ha)}}{100}$$

3.9 Parâmetros químicos

3.9.1 Estado do solo em termos de N, P e K antes da sementeira e depois da colheita (kg/ha)

O estado do solo em termos de azoto (N), fósforo (*ou seja*, P_2O_5 disponível) e potássio (*ou seja*, K_2O disponível) antes da sementeira da cultura foi determinado pelos seguintes métodos

Nutrientes	Método	Referência
Azoto disponível	Alcalino Método $KMnO_4$	(Subbaiah e Asija, 1956)
Fósforo disponível	Método de Olsen	Jackson (1967)
Potássio disponível	Método do fotómetro de chama	Jackson (1967)

3.9.2 Teor de nutrientes no grão e na palha (%)

Foram colhidas amostras representativas do grão e da palha separadamente para a estimativa do teor de N, P e K de cada tratamento das três repetições. As amostras foram secas ao sol durante uma semana e depois secas em estufa a uma temperatura de 65°C durante 24 horas e trituradas em pó com um triturador mecânico. Os teores de N, P e K foram determinados utilizando os seguintes métodos.

Nutriente	Método	Referência
Azoto (%)	Método de Kjeldahl modificado	Jackson (1967)
Fósforo (%)	Método da cor amarela do ácido fosfórico Vanadomolibdo	Jackson (1967)
Potássio (%)	Método do fotómetro de chama	Jackson (1967)

3.9.3 Absorção de nutrientes pelo grão (kg/ha)

Os valores de absorção de azoto (N), fósforo (P) e potássio (K) para o grão foram calculados pela seguinte fórmula.

$$\text{Nutrient uptake (kg/ha)} = \frac{\text{Nutrient content in grain (\%)} \times \text{grain yield (kg/ha)}}{100}$$

3.9.4 Absorção de nutrientes pela palha (kg/ha)

A absorção de azoto (N), fósforo (P) e potássio (K) pela palha foi calculada utilizando a seguinte fórmula.

$$\text{Nutrient uptake (kg/ha)} = \frac{\text{Nutrient content in straw (\%)} \times \text{straw yield (kg/ha)}}{100}$$

3.10 Economia

3.10.1 Custo de cultivo

As despesas incorridas com todas as operações de cultivo, desde a lavoura preparatória até à colheita, incluindo o custo dos factores de produção, *nomeadamente* sementes, fertilizantes, irrigação, pesticidas, *etc.*, aplicados a cada tratamento, foram calculadas com base nas taxas locais em vigor.

3.10.2 Rendimentos brutos

A realização bruta em termos de rupias por hectare foi calculada tendo em conta os rendimentos em grão e em palha de cada tratamento e os preços do mercado local.

3.10.3 Rendimentos líquidos

O rendimento líquido de cada tratamento foi calculado deduzindo o custo total do cultivo do rendimento bruto.

3.10.4 BCR

O rácio benefício/custo (BCR) foi calculado com a ajuda da seguinte fórmula.

$$\text{BCR} = \frac{\text{Net realization } (\text{₹}/\text{ha})}{\text{Cost of cultivation } (\text{₹}/\text{ha})}$$

3.11 Análise estatística

Os dados serão submetidos a uma análise estatística através da adoção de uma análise de variância adequada, tal como descrito por Cochran e Cox (1967). Sempre que os valores de F forem significativos ao nível de 5 % de probabilidade, serão calculados os valores da diferença crítica (DC) para efetuar a comparação entre as médias dos tratamentos. A fim de estabelecer a inter-relação entre os vários componentes, serão calculados os coeficientes de correlação, tal como descrito por Panse e Sukhatme (1985).

Capítulo 4
IV RESULTADOS EXPERIMENTAIS

Neste capítulo são apresentados os resultados da experiência de campo intitulada "Efeito de vários níveis de fertilizantes e fontes orgânicas no milho *rabi* nas condições do sul de Gujarat", realizada na parcela número D-16 da College Farm, N. M. College of Agriculture, Navsari Agricultural University, Navsari, durante a época *rabi* de 2012-13. Os resultados experimentais relativos à população de plantas, a vários atributos de crescimento e rendimento, ao rendimento do grão e da palha, bem como à sua qualidade, ao teor e absorção de nutrientes pelo grão e pela palha e ao estado dos nutrientes do solo após a colheita da cultura e à economia, influenciados por vários níveis de fertilizantes e tratamentos com fontes orgânicas, foram apresentados em quadros e também ilustrados graficamente sempre que necessário, juntamente com inferências estatísticas.

Os resultados são apresentados nos seguintes tópicos gerais.

4.1   **População de plantas**

4.2   **Atributos de crescimento**

4.3   **Atributos de rendimento**

4.4   **Rendimentos**

4.5   **Parâmetros de qualidade**

4.6   **Análise química**

4.7   **Economia**

Tabela 5. Efeito de vários níveis de fertilizantes e fontes orgânicas na população de plantas de milho *rabi* aos 15 DAS e na colheita

Tratamento		População de plantas/ha	
		15 DAS	Na colheita
Ti	100% FTR	75832	75340
T2	100% RDF + FYM @ 10 t/ha	80994	80489
T3	75% FTR + Bio-composto @ 5 t/ha	76346	75855
T4	75% FTR + Vermicomposto @ 3 t/ha	78060	77560
T5	75% RDF + FYM @ 10 t/ha	75924	75432
T6	Controlo	72630	72130
S.Em±		3583	3579
C.D. (P=0,05)		NS	NS
C.V. %		9.35	9.40

4.1 População de plantas

Os dados relativos ao efeito de vários níveis de fertilizantes e fontes orgânicas na população de plantas registada aos 15 DAS e na população final de plantas na colheita são apresentados no Quadro 5.

Os resultados indicaram que a aplicação de vários níveis de fertilizantes e fontes orgânicas não exerceu qualquer efeito significativo na população de plantas aos 15 DAS. Uma avaliação dos dados indicou que a variação dos níveis de fertilizante e da fonte orgânica não foi afetada significativamente pela população de plantas na colheita.

4.2 Atributos de crescimento

Os dados médios concluíram que o efeito de vários níveis de fertilizantes e fontes orgânicas nos atributos de crescimento como a altura da planta registada aos 30, 60 e na fase de colheita são apresentados no Quadro 6.

4.2.1 Altura da planta

Os dados médios relativos à altura das plantas do milho *rabi* registados periodicamente (aos 30, 60 DAS e na colheita) são apresentados no quadro 6 e ilustrados graficamente na figura 3. Em geral, a altura das plantas aumentou progressivamente até à colheita com o avanço do crescimento da cultura.

Uma avaliação dos dados apresentados no Quadro 6 indicou que as diferenças na altura das plantas aos 30 DAS não eram significativas devido aos vários níveis de fertilizantes e tratamentos de fontes orgânicas. O efeito de vários níveis de fertilizantes e tratamentos de fontes orgânicas influenciou significativamente a altura das plantas de milho aos 60 DAS (Tabela 6). O tratamento que recebeu 100% RDF + FYM @ 10 t/ha (T2) resultou numa altura de planta significativamente máxima (135,35 cm) em relação aos outros tratamentos.

Tabela 6. Efeito de vários níveis de fertilizantes e fontes orgânicas na altura das plantas aos 30, 60 DAS e na colheita

Tratamento		Altura da planta (cm)		
		30 DAS	60 DAS	Na colheita
Ti	100% FTR	47.60	105.85	173.05
T2	100% RDF + FYM @ 10 t/ha	51.05	135.35	206.48
T3	75% FTR + Bio-composto @ 5 t/ha	46.53	107.48	177.13
T4	75% FTR + Vermicomposto @ 3 t/ha	49.82	114.40	178.13
T5	75% FTR + FYM @ 10 t/ha	47.55	111.70	174.33
T6	Controlo	40.96	80.25	151.90
S.Em±		2.10	4.80	8.29
C.D. (P=0,05)		NS	14.50	24.97
C.V. %		8.90	8.81	9.37

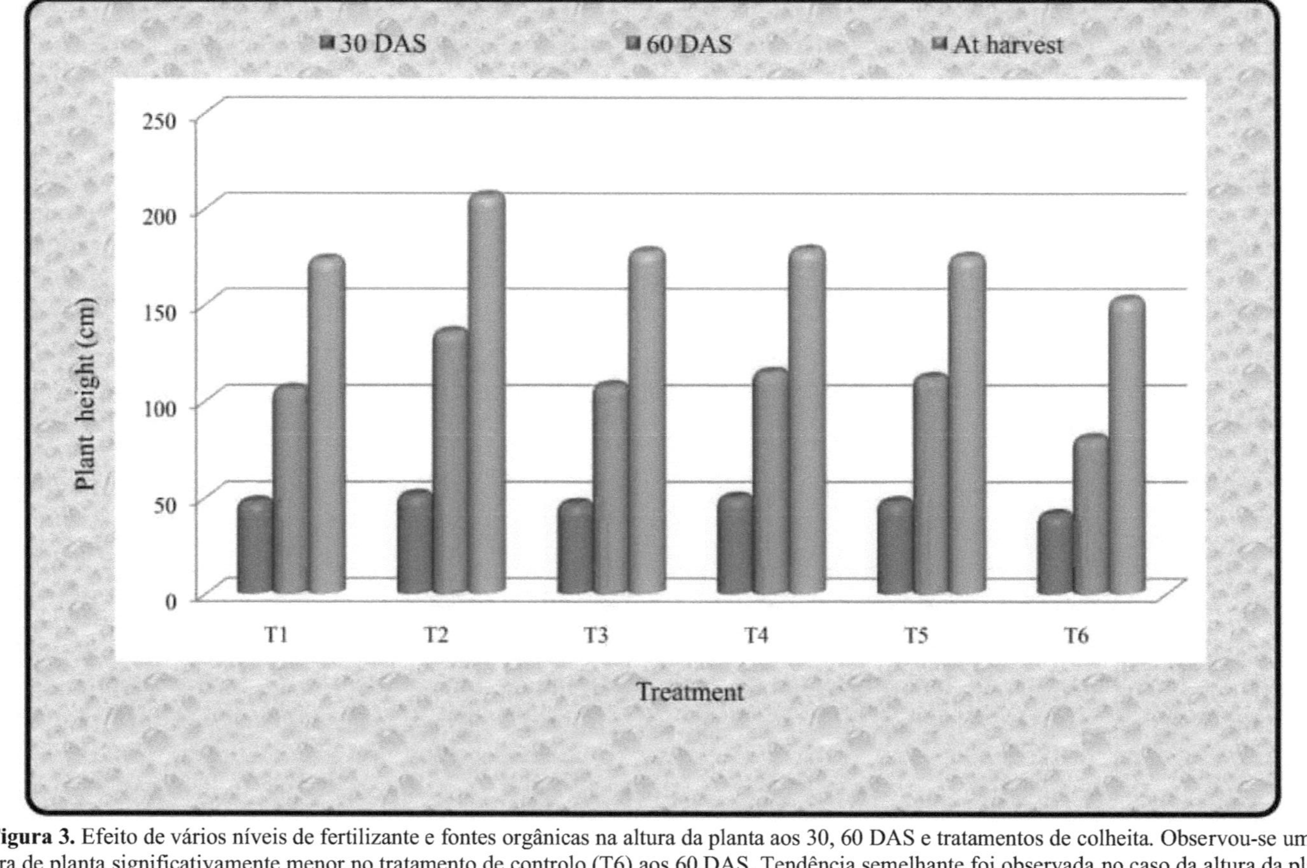

Figura 3. Efeito de vários níveis de fertilizante e fontes orgânicas na altura da planta aos 30, 60 DAS e tratamentos de colheita. Observou-se uma altura de planta significativamente menor no tratamento de controlo (T6) aos 60 DAS. Tendência semelhante foi observada no caso da altura da planta na fase de colheita.

4.3 Atributos de rendimento

Os dados médios sobre os atributos de rendimento do milho foram registados no momento da colheita e são apresentados nos quadros 7 e 8.

4.3.1 Número de espigas por planta

Um exame minucioso dos dados na Tabela 7 e ilustrado graficamente na Figura 4 indicou que os diferentes tratamentos tiveram efeito significativo no número de espigas por planta. A aplicação de 100% RDF juntamente com FYM @ 10 t/ha (T2) produziu um número significativamente maior de espigas por planta (1,20), permanecendo a par com 75% RDF + vermicomposto @ 3 t/ha (T4) tratamento. O menor número de espigas por planta (0,90) foi registado no tratamento de controlo (T6).

4.3.2 Número de grãos por espiga

A leitura dos dados no Quadro 7 e a ilustração gráfica na Figura 5 sugerem que os vários tratamentos influenciaram significativamente o número de grãos por espiga no milho. O tratamento 100% RDF + FYM @ 10 t/ha (T2) registou um número significativamente mais elevado de grãos por espiga (387,60 cm) do que os outros tratamentos.

4.3.3 Comprimento da espiga (cm)

A análise do quadro 7 e a ilustração gráfica da figura 4 revelam que as proporções variáveis de fertilizante inorgânico e de estrume orgânico exerceram uma influência significativa na

Tabela 7. Efeito de vários níveis de fertilizantes e fontes orgânicas no número de espigas por planta, número de grãos por espiga e comprimento da espiga de milho

Tratamento		Número de espigas por planta	Número de grãos por espiga	Comprimento da espiga (cm)
Ti	100% FTR	1.00	239.50	11.30
T2	100% RDF + FYM @ 10 t/ha	1.20	387.60	15.70
T3	75% FTR + Bio-composto @ 5 t/ha	1.05	315.10	12.73
T4	75% FTR + Vermicomposto @ 3 t/ha	1.10	325.25	12.95
T5	75% FTR + FYM @ 10 t/ha	1.00	267.35	11.65
T6	Controlo	0.90	192.55	8.58
S.Em±		0.04	14.42	0.52
C.D. (P=0,05)		0.14	43.43	1.58
C.V. %		8.99	10.01	8.61

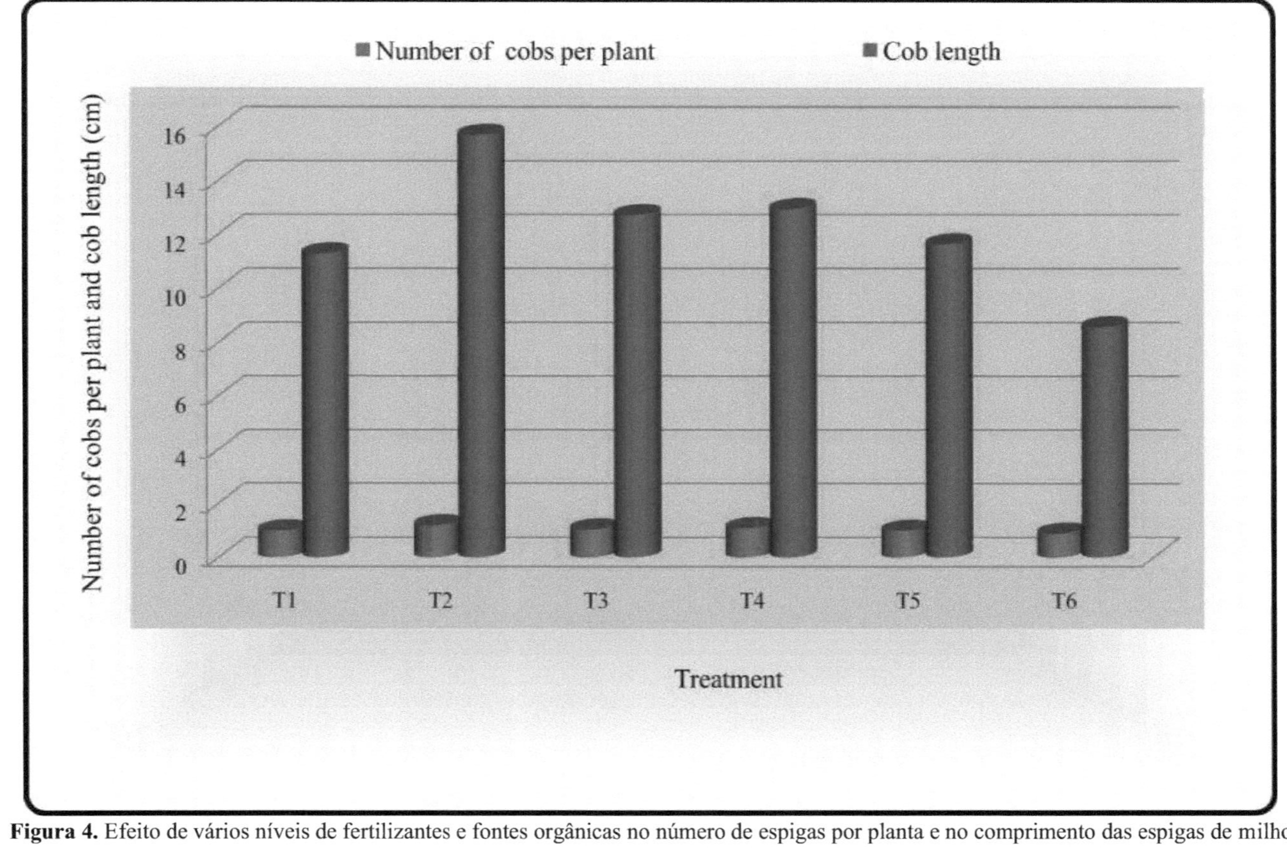

Figura 4. Efeito de vários níveis de fertilizantes e fontes orgânicas no número de espigas por planta e no comprimento das espigas de milho

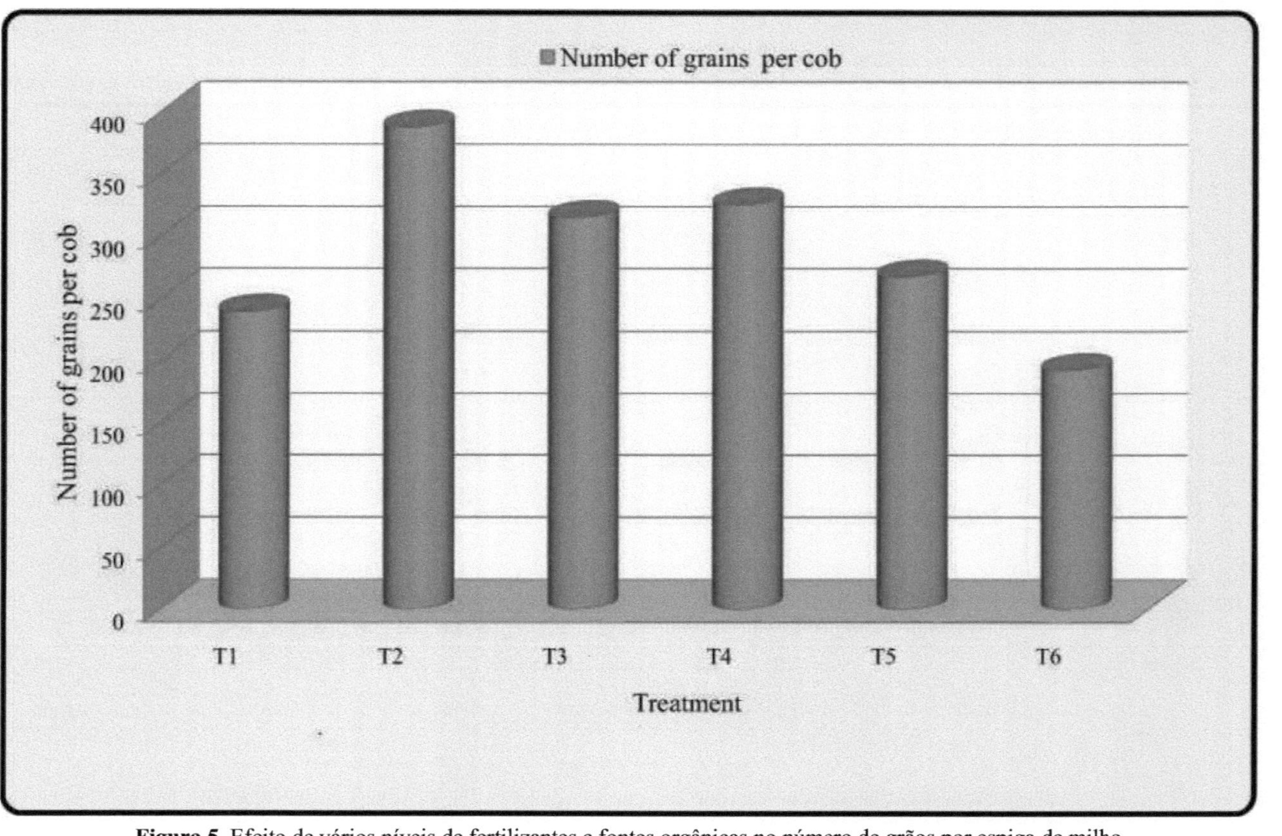

Figura 5. Efeito de vários níveis de fertilizantes e fontes orgânicas no número de grãos por espiga de milho

comprimento da espiga na colheita. A aplicação de 100% RDF juntamente com FYM @ 10 t/ha (T2) registou significativamente o maior comprimento de espiga (15,70 cm). Enquanto que o menor comprimento de espiga (8,58 cm) foi observado no tratamento de controlo (T6).

4.3.4   Percentagem de descasque

Os dados médios sobre a percentagem de casca influenciada por vários níveis de fertilizante e tratamentos com fontes orgânicas são apresentados no Quadro 8 e ilustrados graficamente na Figura 6.

Os resultados revelaram que a aplicação de 100% de FTR + FYM @ 10 t/ha (T2) registou uma percentagem de descasque significativamente mais elevada (78,92), mantendo-se a par com o tratamento 75% de FTR + vermicomposto @ 3 t/ha (T4).

4.3.5   Índice de sementes (%)

Um exame dos dados na Tabela 8 e representado graficamente na Figura 6 mostrou que o índice de sementes no milho foi significativamente influenciado por vários tratamentos de níveis de fertilizante e fonte orgânica. O índice de sementes significativamente mais alto (28,09 %) foi observado no tratamento 100% RDF + FYM @ 10 t/ha (T2). Considerando que, o valor significativamente menor do índice de sementes foi observado no tratamento de controlo (T6).

4.4   Rendimentos

4.4.1   Rendimento de grãos (t/ha)

Uma avaliação dos dados na Tabela 9 e ilustrada graficamente na Figura 7 mostrou que houve um aumento significativo no rendimento de grãos com o fertilizante inorgânico e o adubo orgânico.

Tabela 8. Efeito de vários níveis de fertilizante e de fontes orgânicas na percentagem de descasque e no índice de sementes de milho

Tratamento		Percentagem de descasque	Índice de sementes (g)
Ti	100% FTR	71.24	20.76
T2	100% FTR + FYM @ 10 t/ha	78.92	28.09
T3	75% FTR + Bio-composto @ 5 t/ha	73.53	22.73
T4	75% FTR + Vermicomposto @ 3 t/ha	74.85	24.44
T5	75% FTR + FYM @ 10 t/ha	71.45	20.78
T6	Controlo	68.80	15.49
S.Em±		1.76	0.70
C.D. (P=0,05)		5.31	2.11
C.V. %		4.17	5.50

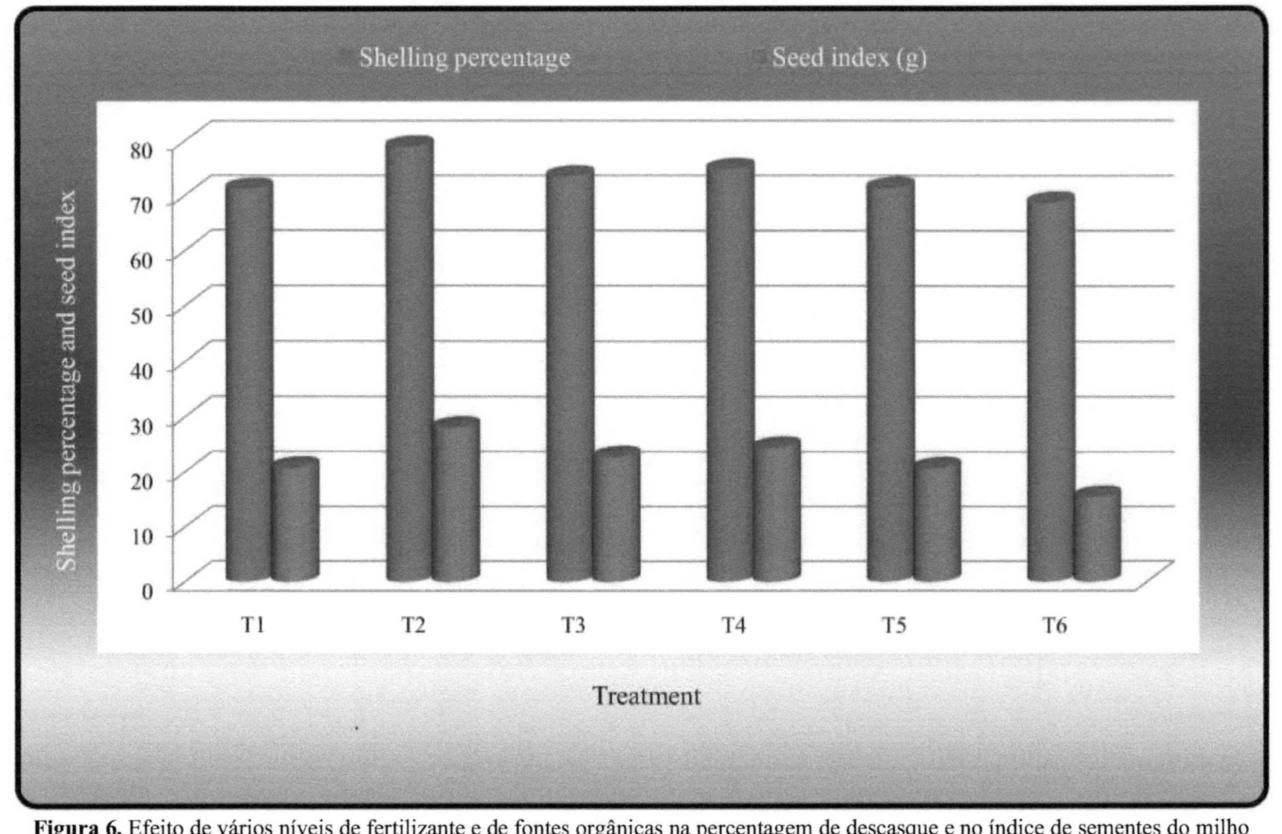

Figura 6. Efeito de vários níveis de fertilizante e de fontes orgânicas na percentagem de descasque e no índice de sementes do milho

A aplicação de 100% RDF + FYM @ 10 t/ha (T2) assegurou a primeira posição ao produzir um rendimento de grãos de milho significativamente mais elevado (4,18 t/ha). Um rendimento de grãos significativamente mais baixo (2,08) foi produzido com o tratamento de controlo (T6). A magnitude do aumento no rendimento de grãos de milho *rabi* com tratamentos 100% RDF + FYM @ 10 t/ha (T2) foi de 16,11%, 17,74%, 22,23%, 22,23%, 100,96% respetivamente sobre 75% RDF + vermicomposto @ 3 t/ha (T4), 75% RDF + Bio composto @ 5 t/ha (T3), 75% RDF + FYM @ 10 t/ha (T5), 100% RDF (T1) e controlo (T6).

4.4.2   Rendimento de palha (t/ha)

Os dados sobre o rendimento da palha (t/ha) do milho afetado por diferentes níveis de fertilizantes e tratamentos com fontes orgânicas são apresentados no Quadro 9 e representados graficamente na Figura 7.

A produção de palha significativamente mais alta (8,99 t/ha) foi alcançada com 100% RDF + FYM @ 10 t/ha (T2) sendo mantida a par com o tratamento 75% RDF + vermicomposto @ 3 t/ha (T4). Enquanto que o menor rendimento de palha (5,27 t/ha) foi registado no tratamento de controlo (T6). O rendimento de palha do milho *rabi* no tratamento 100% FTR + FYM @ 10 t/ha (T2) aumentou 7,02%, 12,37%, 14,66%, 16,81% e 70,58%, respetivamente, em relação ao tratamento 75% FTR + vermicomposto @ 3 t/ha (T4), 75% FTR + Bio composto @ 5 t/ha (T3), 75% FTR + FYM @ 10 t/ha (T5), 100% FTR (T1) e controlo (T6).

4.4.3   Índice de colheita

Os dados tabulados no Quadro 8 indicam que os diferentes níveis de fertilizante e a fonte orgânica não tiveram um efeito significativo no índice de colheita.

Tabela 9. Efeito de vários níveis de fertilizantes e fontes orgânicas no rendimento de grãos e de palha e no índice de colheita do milho

Tratamento		Rendimento de grãos (t/ha)	Rendimento de palha (t/ha)	Índice de colheita (%)
Ti	100% FTR	3.42	7.83	30.31
T2	100% FTR + FYM @ 10 t/ha	4.18	8.99	31.73
T3	75% FTR + Bio-composto @ 5 t/ha	3.55	8.00	30.67
T4	75% FTR + Vermicomposto @ 3 t/ha	3.60	8.40	30.02
T5	75% FTR + FYM @ 10 t/ha	3.42	7.84	30.49
T6	Controlo	2.08	5.27	28.55
S.Em±		0.17	0.32	1.44
C.D. (P=0,05)		0.51	0.97	NS
C.V. %		8.72	7.22	8.21

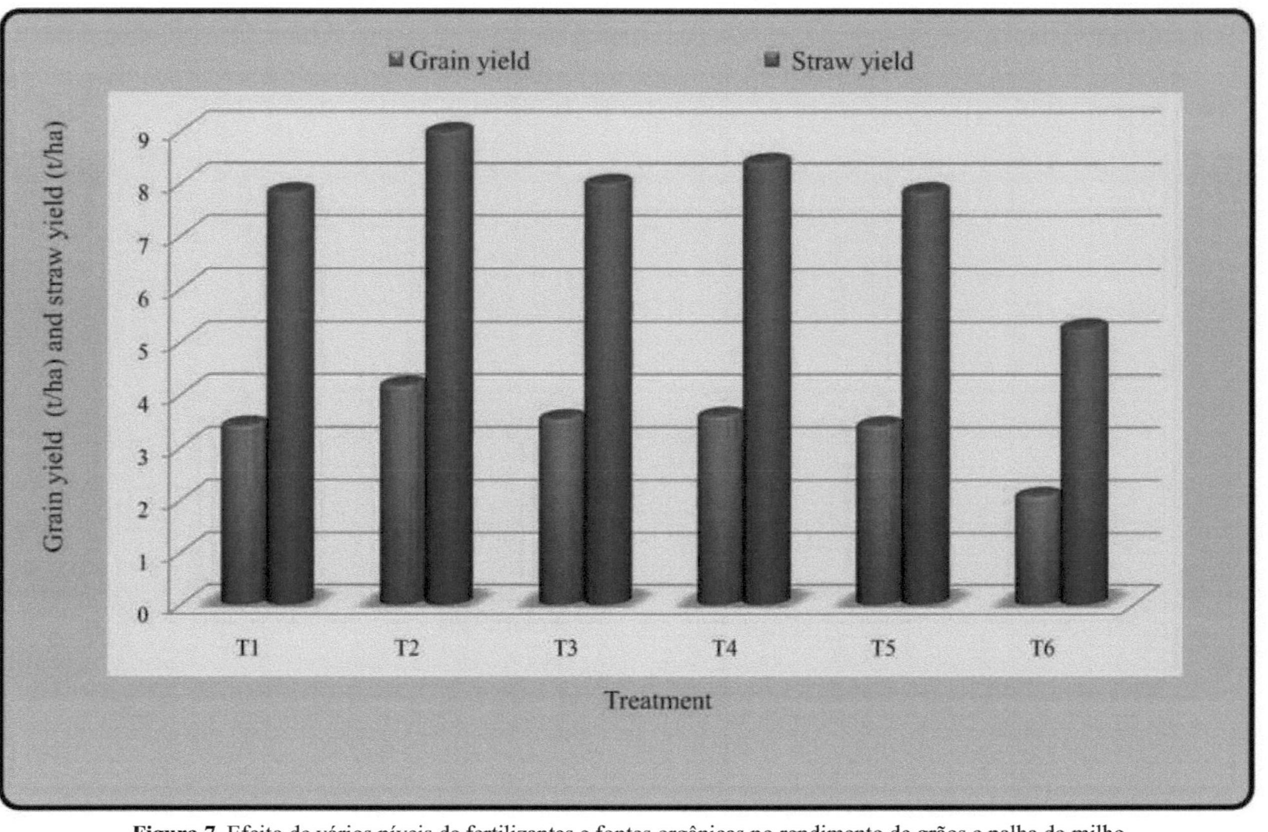

Figura 7. Efeito de vários níveis de fertilizantes e fontes orgânicas no rendimento de grãos e palha do milho

4.5   Parâmetros de qualidade

Os dados médios relativos aos parâmetros de qualidade, *nomeadamente* as proteínas do milho, são apresentados no quadro 10.

4.5.1   Teor de proteínas (%)

Uma avaliação dos dados (Tabela 10) revelou que os diferentes tratamentos não expressaram qualquer influência significativa no conteúdo de proteína do milho. No entanto, observou-se uma proteína numericamente mais elevada no milho (10,15 %) no tratamento 100% FTR + FYM @ 10 t/ha (T2).

4.5.2   Rendimento proteico (kg/ha)

Os dados relativos ao rendimento proteico significativamente afetado por vários níveis de fertilizantes e tratamentos com fontes orgânicas são apresentados no Quadro 10. A aplicação de 100% RDF + FYM @ 10 t/ha (T2) registou significativamente o maior rendimento proteico (424,97 kg/ha), enquanto que o menor rendimento proteico (188,48 kg/ha) foi observado no tratamento de controlo (T6).

4.6   Estudos químicos

Os resultados relativos ao teor e absorção de azoto, fósforo e potássio no grão e na palha pelo milho, bem como aos nutrientes disponíveis no solo após a colheita do milho, são apresentados nos quadros 11 a 16.

4.6.1   Teor de nutrientes no grão aquando da colheita

Os resultados relativos ao teor de nutrientes no grão de milho influenciado por vários níveis de fertilizantes e tratamentos com fontes orgânicas são apresentados no Quadro 11.

Tabela 10. Efeito de vários níveis de fertilizantes e fontes orgânicas no teor de proteínas e no rendimento proteico da cultura do milho

Tratamento		Teor de proteínas (%)	Rendimento proteico (kg/ha)
Ti	100% FTR	9.50	324.48
T2	100% FTR + FYM @ 10 t/ha	10.15	424.97
T3	75% FTR + Bio-composto @ 5 t/ha	9.56	338.66
T4	75% FTR + Vermicomposto @ 3 t/ha	9.90	356.60
T5	75% FTR + FYM @ 10 t/ha	9.49	324.02
T6	Controlo	9.07	188.48
S.Em±		0.25	21.72
C.D. (P=0,05)		NS	65.47
C.V. %		4.57	11.53

4.6.1.1   **Teor de azoto no grão aquando da colheita**

Os dados mencionados no Quadro 1 1 indicam que os vários níveis de fertilizante e os tratamentos com fontes orgânicas não conseguiram expressar qualquer resultado significativo para o teor de azoto no grão de milho.

4.6.1.2   **Teor de fósforo no grão aquando da colheita**

Os dados médios apresentados no Quadro 11 concluíram que o efeito de vários níveis de fertilizantes e tratamentos com fontes orgânicas não atingiu o nível de significância no que diz respeito ao teor de fósforo no grão aquando da colheita.

4.6.1.3   **Teor de potássio no grão aquando da colheita**

A análise dos dados apresentados no quadro 11 revelou que o efeito dos vários níveis de fertilizante e dos tratamentos com fontes orgânicas no teor de potássio no grão de milho aquando da colheita não foi significativo.

4.6.2   **Teor de nutrientes na palha aquando da colheita**

Os resultados relativos ao teor de nutrientes na palha de milho, afectados por vários níveis de fertilizantes e fontes orgânicas, são apresentados no Quadro 12.

4.6.2.1   **Teor de azoto na palha aquando da colheita**

Os dados apresentados no Quadro 12 mostram que os vários níveis de fertilizante e os tratamentos com fontes orgânicas não tiveram influência significativa no teor de azoto na palha aquando da colheita.

4.6.2.2   **Teor de fósforo na palha aquando da colheita**

Uma análise dos dados (Quadro 12) refere que

Tabela 11. Efeito de vários níveis de fertilizantes e fontes orgânicas no teor de N, P e K no grão aquando da colheita

Tratamento		Teor de nutrientes no grão (%) aquando da colheita		
		N	P	K
Ti	100% FTR	1.521	0.287	0.452
T2	100% FTR + FYM @ 10 t/ha	1.624	0.301	0.504
T3	75% FTR + Bio-composto @ 5 t/ha	1.529	0.290	0.443
T4	75% FTR + Vermicomposto @ 3 t/ha	1.584	0.296	0.464
T5	75% FTR + FYM @ 10 t/ha	1.518	0.287	0.442
T6	Controlo	1.452	0.262	0.439
S.Em±		0.04	0.01	0.02
C.D. (P=0,05)		NS	NS	NS
C.V. %		4.60	5.96	6.41

Os diferentes níveis de fertilizantes e tratamentos de fontes orgânicas resultaram numa influência não significativa no teor de fósforo na palha aquando da colheita.

4.6.2.3 Teor de potássio na palha aquando da colheita

Os dados médios apresentados no quadro 12 concluem que os diferentes tratamentos não tiveram qualquer efeito significativo no teor de potássio na palha aquando da colheita.

4.6.3 Absorção de nutrientes pelo grão na colheita

Os resultados relativos à absorção de nutrientes pelo grão de milho, afectados por vários níveis de fertilizantes e tratamentos com fontes orgânicas, são apresentados no Quadro 13 e ilustrados graficamente na Figura 8.

4.6.3.1 Absorção de azoto pelo grão na colheita

Um vislumbre na Tabela 13 sugeriu que os diferentes níveis de fertilizantes e tratamentos com fontes orgânicas mostraram o seu efeito significativo na absorção de azoto pelo grão na colheita. A aplicação de 100% RDF + FYM @ 10 t/ha (T2) registou uma absorção de azoto significativamente mais elevada pelo grão (67,97 kg/ha), enquanto que a absorção de azoto significativamente mais baixa pelo grão (30,17 kg/ha) foi registada no tratamento de controlo (T6).

4.6.3.2 Absorção de fósforo pelo grão na colheita

Um exame dos dados (Tabela 13) mencionou que vários níveis de fertilizante e tratamentos de fonte orgânica tiveram efeito significativo na absorção de fósforo pelos grãos na colheita. A aplicação de 100% RDF + FYM @ 10 t/ha (T2) registou

Tabela 12. Efeito de vários níveis de fertilizantes e fontes orgânicas no teor de N, P e K na palha aquando da colheita

Tratamento		Teor de nutrientes na palha (%) aquando da colheita		
		N	P	K
Ti	100% FTR	0.527	0.172	0.897
T2	100% RDF + FYM @ 10 t/ha	0.609	0.185	0.928
T3	75% FTR + Bio-composto @ 5 t/ha	0.545	0.174	0.893
T4	75% FTR + Vermicomposto @ 3 t/ha	0.572	0.179	0.904
T5	75% RDF + FYM @ 10 t/ha	0.534	0.171	0.886
T6	Controlo	0.513	0.165	0.862
S.Em±		0.02	0.01	0.01
C.D. (P=0,05)		NS	NS	NS
C.V. %		7.46	7.73	2.84

A absorção de fósforo pelo grão (12,58 kg/ha) foi significativamente maior com 75% RDF + vermicomposto @ 3 t/ha (T4), enquanto a absorção de fósforo mais baixa pelo grão (5,44 kg/ha) foi registada no tratamento de controlo (T6).

4.6.3.3 Absorção de potássio pelo grão na colheita

Uma avaliação dos dados relativos à absorção de potássio pelo grão, influenciada por vários níveis de fertilizantes e tratamentos com fontes orgânicas, é apresentada no Quadro 13. O tratamento que recebeu 100% RDF + FYM @ 10 t/ha (T2) resultou numa absorção de potássio significativamente mais elevada pelo grão de milho. O valor significativamente mais baixo de absorção de potássio pelo grão (9,11 kg/ha) foi registado no tratamento de controlo (T6).

4.6.4 Absorção de nutrientes pela palha aquando da colheita

Os resultados relativos à absorção de nutrientes pela palha de milho por vários níveis de fertilizantes e tratamentos com fontes orgânicas são apresentados no Quadro 14 e ilustrados graficamente na Figura 9.

4.6.4.1 Absorção de azoto pela palha na colheita

Os dados sobre a absorção de azoto pela cultura do milho indicaram que houve um aumento significativo na absorção de azoto pelo milho devido à aplicação de várias fontes orgânicas e inorgânicas de nutrientes (Quadro 14). A aplicação de 100% FDN + FYM @ 10 t/ha (T2) registou uma absorção de azoto significativamente mais elevada pela palha (54,77 kg/ha), mantendo-se a par com o tratamento 75% FDN + vermicomposto @ 3 t/ha (T4), enquanto a absorção de azoto mais baixa (27,20 kg/ha) pelo grão foi registada no tratamento de controlo (T6).

Tabela 13. Efeito de vários níveis de fertilizantes e fontes orgânicas na absorção de N, P e K pelos grãos na colheita

	Tratamento	Absorção de nutrientes pelo grão (kg/ha) na colheita		
		N	P	K
Ti	100% FTR	51.94	9.84	15.39
T2	100% RDF + FYM @ 10 t/ha	67.97	12.58	21.10
T3	75% FTR + Bio-composto @ 5 t/ha	54.19	10.27	15.67
T4	75% FTR + Vermicomposto @ 3 t/ha	57.05	10.70	16.73
T5	75% RDF + FYM @ 10 t/ha	51.84	9.84	15.08
T6	Controlo	30.17	5.44	9.11
S.Em±		3.48	0.70	1.03
C.D. (P=0,05)		10.50	2.11	3.12
C.V. %		11.56	12.43	11.54

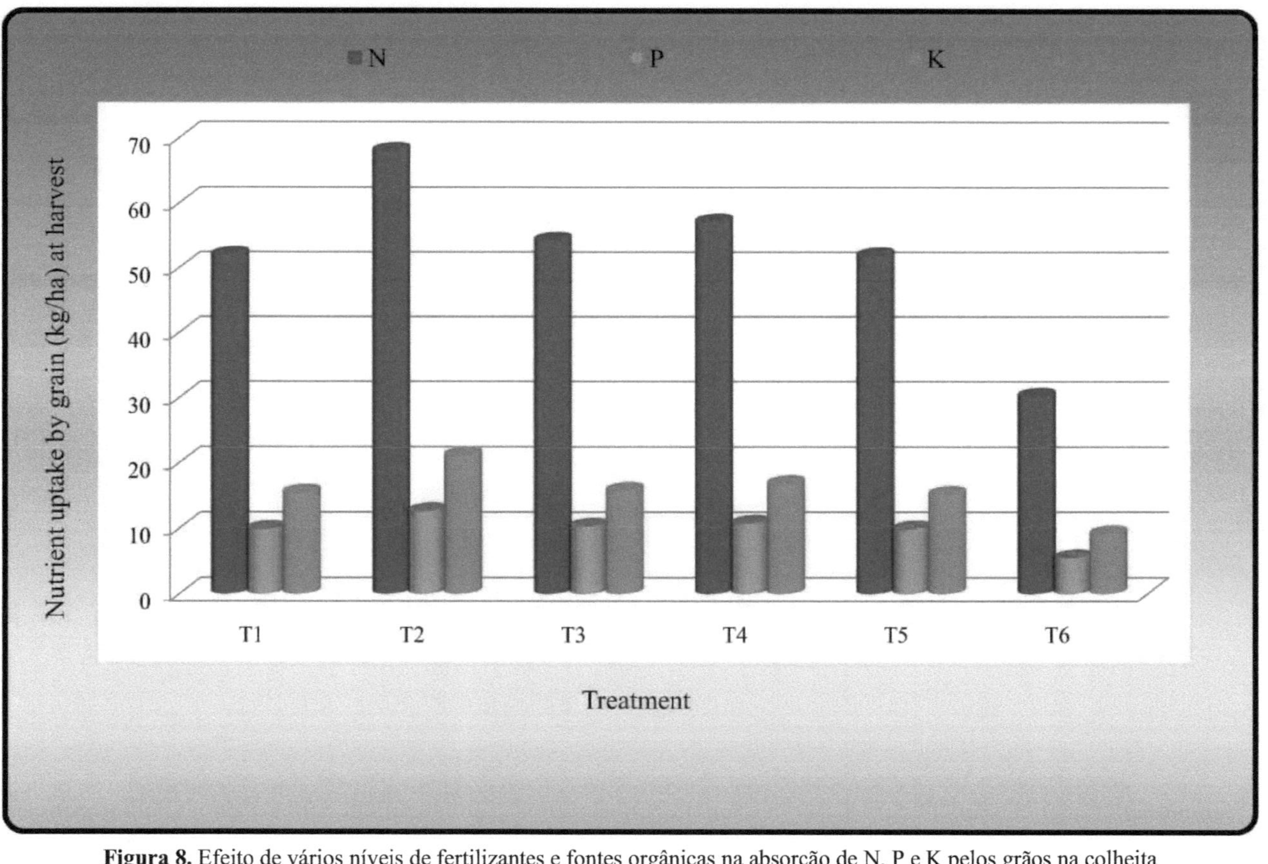

Figura 8. Efeito de vários níveis de fertilizantes e fontes orgânicas na absorção de N, P e K pelos grãos na colheita

4.6.4.2 Absorção de fósforo pela palha aquando da colheita

Várias proporções de fertilizante e fonte orgânica resultaram em influência significativa na absorção de fósforo pela palha na colheita. A aplicação de 100% de FTR juntamente com FYM @ 10 t/ha (T2) registou significativamente a maior absorção de fósforo pela palha (16,60 kg/ha), mantendo-se a par com o tratamento 75% FTR + vermicomposto @ 3 t/ha (T4) e 75% FTR + Bio composto @ 5 t/ha (T3). Enquanto que o menor consumo de azoto pela palha (8,73 kg/ha) foi registado no tratamento de controlo (T6).

4.6.4.3 Absorção de potássio pela palha na colheita

Um resultado experimental tabulado na Tabela 14 sugere que vários tratamentos foram significativamente diferentes entre si para a absorção de potássio pelo milho. A aplicação de 100% FTR + FYM @ 10 t/ha (T2) registou uma absorção de potássio estatisticamente mais elevada pela palha (83,41 kg/ha), a par do tratamento 75% FTR + vermicomposto @ 3 t/ha (T4) e o tratamento de controlo (T6) registou uma absorção de potássio significativamente mais baixa pela palha (45,38 kg/ha).

4.6.5 Estado dos nutrientes no solo após a colheita do milho

Os dados relativos ao estado do azoto, fósforo e potássio disponíveis no solo após a colheita da cultura do milho são apresentados no quadro 15 e ilustrados graficamente na figura 10.

4.6.5.1 Azoto disponível

O estado do azoto disponível no solo após a colheita da cultura do milho foi significativamente influenciado pelos vários níveis de fertilizante

Tabela 14. Efeito de vários níveis de fertilizantes e fontes orgânicas na absorção de N, P e K pela palha aquando da colheita

Tratamento		Absorção de nutrientes pela palha (kg/ha) na colheita		
		N	P	K
Ti	100% FTR	41.19	13.51	70.18
T2	100% RDF + FYM @ 10 t/ha	54.77	16.60	83.41
T3	75% FTR + Bio-composto @ 5 t/ha	43.55	13.94	71.39
T4	75% FTR + Vermicomposto @ 3 t/ha	47.85	15.00	75.91
T5	75% FTR + FYM @ 10 t/ha	41.99	13.63	69.41
T6	Controlo	27.20	8.73	45.38
S.Em±		2.99	0.92	2.80
C.D. (P=0,05)		9.00	2.77	8.45
C.V. %		12.09	11.73	7.00

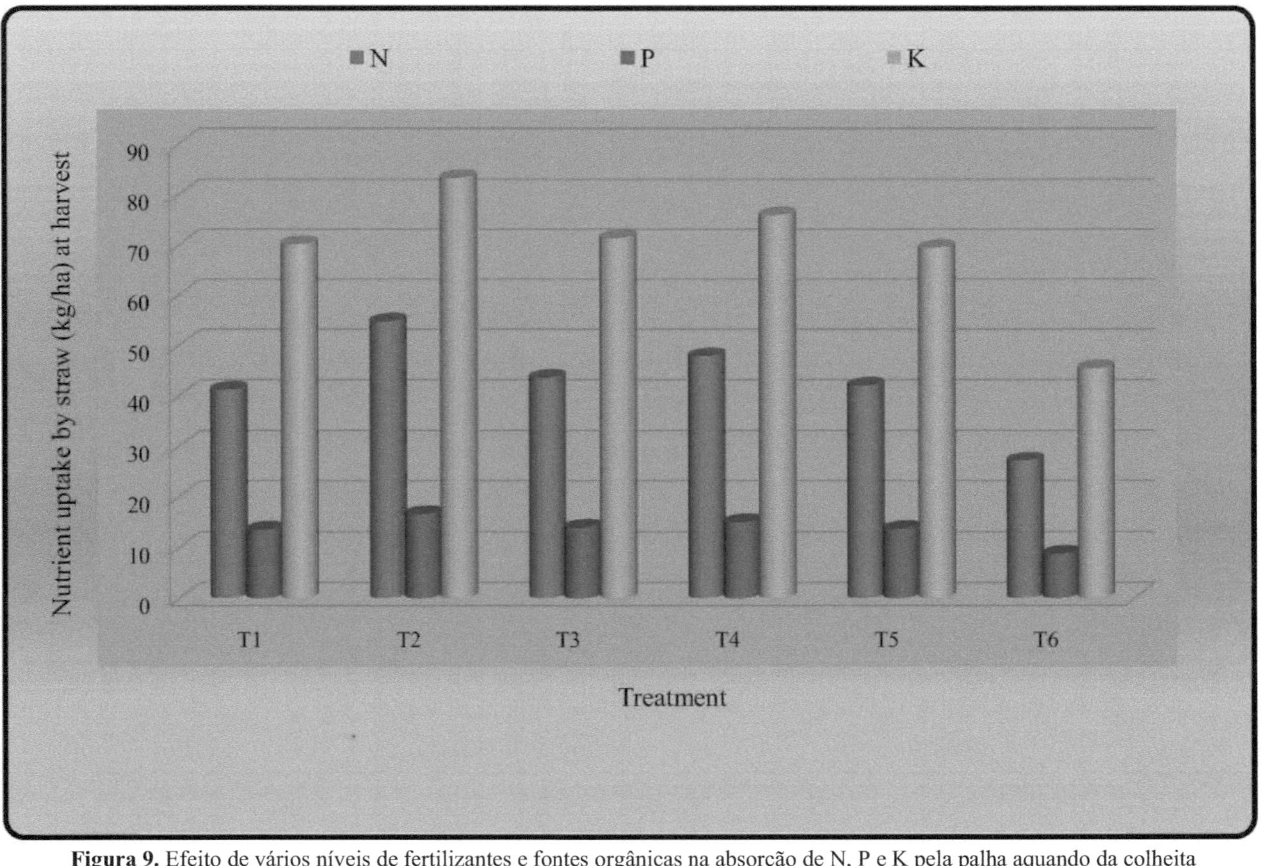

Figura 9. Efeito de vários níveis de fertilizantes e fontes orgânicas na absorção de N, P e K pela palha aquando da colheita

e tratamentos com fontes orgânicas (Tabela 15). A aplicação de 100% FTR + FYM @ 10 t/ha (T2) registou um estado de azoto disponível significativamente mais elevado (185,33 kg/ha), que se manteve a par com os tratamentos 75 % FTR + vermicomposto @ 3 t/ha (T4), 75 % FTR + Bio composto @ 5 t/ha (T3), 75 % FTR + FYM @ 10 t/ha (T5) e 100 % FTR (T$_1$). Enquanto que o nível mais baixo de azoto disponível (165,31 kg/ha) foi registado no tratamento de controlo (T6).

4.6.5.2 Fósforo disponível

Os dados tabulados na Tabela 15 revelaram que o estado do fósforo disponível no solo após a colheita da cultura do milho foi significativamente influenciado pelos vários níveis de fertilizantes e tratamentos com fontes orgânicas. O estado de fósforo disponível (38,04 kg/ha) do solo após a colheita da cultura do milho foi encontrado significativamente o mais alto sob o tratamento 100% RDF com FYM @ 10 t/ha (T2). Enquanto que o nível mais baixo de fósforo disponível (27,42 kg/ha) foi registado no tratamento de controlo (T6).

4.6.5.3 Potássio disponível

Uma análise dos dados (Tabela 15) mostrou que diferentes níveis de fertilizantes e fontes orgânicas exerceram um efeito significativo no estado de potássio disponível no solo após a colheita. A aplicação de 100% FTR + FYM @ 10 t/ha (T2) registou significativamente o estado de potássio disponível mais elevado (373,58 kg/ha), que se manteve a par com os tratamentos75 % FTR + vermicomposto @ 3 t/ha (T4), 75 % FTR + Bio composto @ 5 t/ha (T3), 75 % FTR + FYM @ 10 t/ha (T$_5$) e 100 % FTR (T$_1$). Enquanto que o estado de potássio disponível mais baixo (338,78 kg/ha) foi registado no tratamento

Tabela 15. Efeito de vários níveis de fertilizantes e fontes orgânicas no N disponível, P$_2$O$_5$ e K$_2$O no solo após a colheita do milho

Tratamento		Nutrientes disponíveis no solo (kg/ha) após a colheita		
		N	P2O5	K2O
Ti	100% FTR	175.27	30.57	357.25
T2	100% FTR + FYM @ 10 t/ha	185.33	38.04	373.58
T3	75% FTR + Bio-composto @ 5 t/ha	176.35	31.81	358.61
T4	75% FTR + Vermicomposto @ 3 t/ha	180.18	32.75	365.59
T5	75% FTR + FYM @ 10 t/ha	176.75	30.71	357.44
T6	Controlo	165.31	27.42	338.78
S.Em±		4.44	0.62	6.25
C.D. (P=0,05)		13.37	1.86	18.84
C.V. %		4.35	3.34	3.02

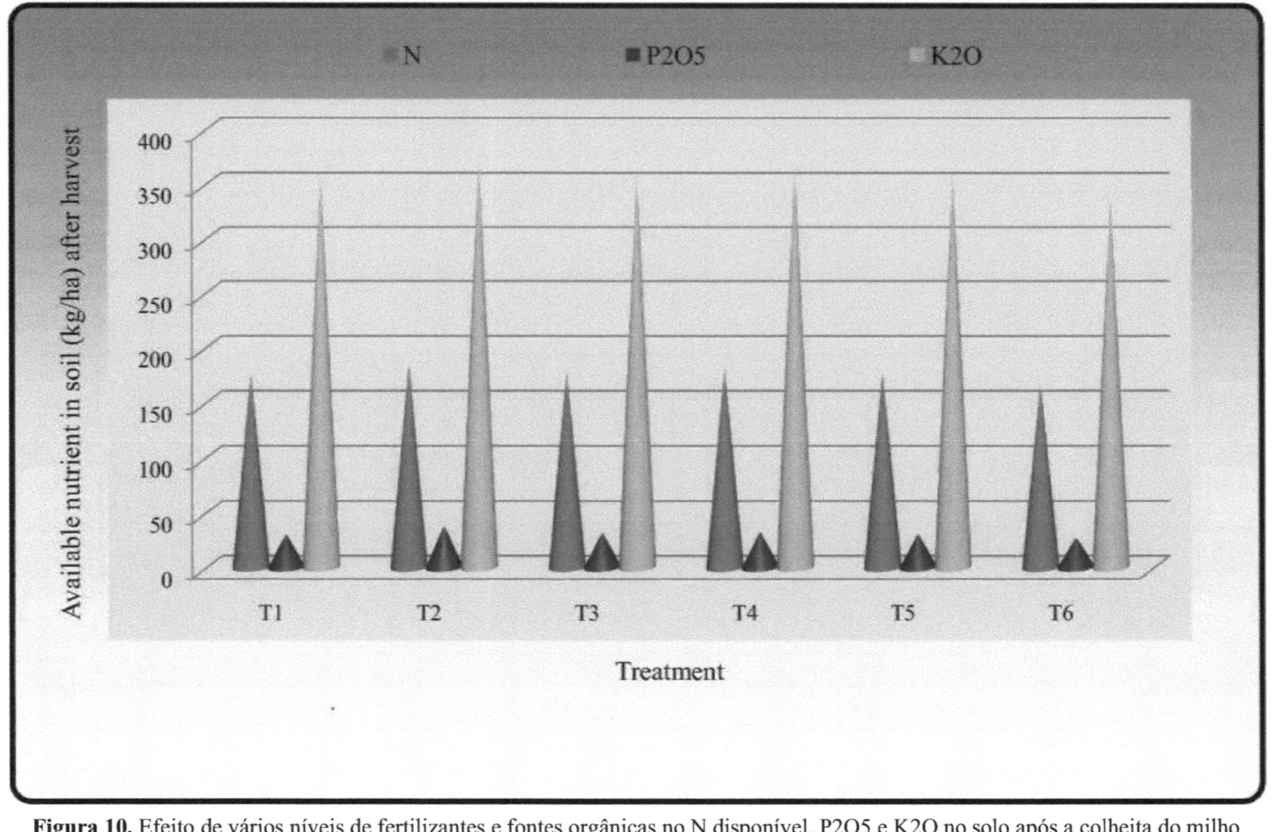

Figura 10. Efeito de vários níveis de fertilizantes e fontes orgânicas no N disponível, P2O5 e K2O no solo após a colheita do milho

controlo (T6).

4.7   Economia

Os dados sobre a economia da cultura do milho, influenciada por vários níveis de fertilizantes e tratamentos com fontes orgânicas, são apresentados no Quadro 16. A realização bruta e líquida, a relação custo-benefício e o custo de cultivo por hectare para cada tratamento individual foram calculados com base nos rendimentos de grãos e palha e nos preços prevalecentes no mercado local.

Entre os vários tratamentos 100% RDF juntamente com FYM @ 10 t/ha (T$_2$) registou a realização líquida máxima (37187 ₹/ ha) com BCR (1,37) seguido pelo tratamento 100% RDF (T1) (36687 ₹ /ha) com BCR (2,15) A realização líquida mais baixa de 21237 ₹/ ha foi observada no tratamento de controlo (T6).

Tabela 16. Economia influenciada por vários níveis de fertilizantes e tratamentos com fontes orgânicas no milho

Tratamentos	Rendimento		Realização bruta (₹/ha)	Custo total da cultura (₹/ha)	Realização líquida (₹/ha)	Rácio benefício/custo
	Grãos (t/ha)	palha (t/ha)				
Ti	3.42	7.83	53775	17088	36687	2.15
T2	4.18	8.99	64275	27088	37187	1.37
T$_3$	3.55	8.00	55500	19000	36500	1.92
T4	3.60	8.40	57000	28000	29000	1.04
T5	3.42	7.84	53800	26000	27800	1.07
T6	2.08	5.27	33975	12738	21237	1.66

Preço de venda do milho -   Custo de -

Grãos - 10 ₹/kg   FYM 1 ₹/kg

Palha - 2,5 ₹/kg   Bio-composto 0,6 ₹/kg

Vermicomposto 4 ₹/kg

Ureia 6.1 ₹/kg

DAP 23,6 ₹/kg

Capítulo 5
V DISCUSSÃO

Os resultados apresentados no capítulo anterior, relativos à investigação efectuada sobre o "Efeito de vários níveis de fertilizantes e fontes orgânicas no milho *rabi* nas condições do sul de Gujarat", mostraram muitas variações significativas entre os diferentes tratamentos e foi feita uma tentativa de discutir as variações observadas no crescimento, nos atributos de rendimento, no rendimento, nos parâmetros de qualidade, no teor de nutrientes e na absorção pelo grão e pela palha e nos nutrientes disponíveis no solo após a colheita da cultura sob a influência de vários níveis de fertilizantes e fontes orgânicas. Também se tentou estabelecer uma relação de "causa e efeito" com base na presente investigação, devidamente apoiada por provas disponíveis e conclusões relevantes. Toda a discussão foi agrupada nas seguintes partes principais, a *saber*

5.1   Clima e crescimento

5.2   Efeito da população de plantas

5.3   Efeito de vários níveis de fertilizantes e fontes orgânicas 5.3.1 Efeito nos atributos de crescimento

5.3.2   Efeito no atributo de rendimento

5.3.3   Efeito no rendimento

5.3.4   Efeito na qualidade

5.3.5   Efeito no teor e na absorção de nutrientes

5.3.6   Efeito sobre os nutrientes disponíveis no solo após a colheita

5.3.7   Efeito na economia

5.1   Clima e crescimento

Na agricultura, a resposta da cultura é largamente governada pelo solo, pela humidade disponível no solo e por certos parâmetros meteorológicos durante o período de crescimento e desenvolvimento da cultura. Os dados meteorológicos apresentados no quadro 1 e representados na figura 1 revelam que as condições meteorológicas prevalecentes durante todo o período de cultivo foram favoráveis e propícias ao crescimento e desenvolvimento normais da cultura do milho. Não se observou qualquer incidência grave de doenças e pragas durante todo o período de crescimento da cultura. As adversidades do clima, como a ocorrência de geadas ou chuvas fora de época, não se verificaram durante o crescimento da cultura. Assim, espera-se que as variações observadas nos resultados experimentais se devam principalmente ao efeito do tratamento.

5.2   Efeito da população de plantas

A população inicial e final de plantas (Quadro 5) não foi afetada significativamente pelos vários níveis de fertilizantes e tratamentos de fontes orgânicas. Assim, qualquer variação observada na investigação é provavelmente atribuída aos diferentes tratamentos impostos na experiência.

5.3   Efeito de vários níveis de fertilizantes e produtos orgânicos
             fontes

5.3.1   Efeito nos atributos de crescimento

Parâmetros de crescimento, como altura da planta aos 60 DAS e colheita (Tabela 6) foram significativamente influenciados por vários níveis de fertilizantes e tratamentos com fontes orgânicas. Valores notavelmente mais altos foram observados com a aplicação de 100% RDF + FYM @ 10 t/ha (T2). Enquanto os valores mínimos foram registados no tratamento de controlo (T2). Enquanto os vários níveis de fertilizante e tratamentos de fonte orgânica não tiveram efeito significativo na altura da planta aos 30 DAS.

Isto mostra que o efeito combinado de nutrientes inorgânicos e orgânicos desempenha um papel muito importante devido ao seu efeito sinergético. O azoto do fertilizante ajudou a promover o crescimento durante as fases iniciais e é considerado um nutriente de importância vital para as plantas. Para além do seu papel na formação de proteínas, o azoto é parte integrante da clorofila, que é o principal absorvente da energia luminosa necessária para a fotossíntese. Além disso, um fornecimento adequado de fósforo no início do ciclo de vida das plantas através de fertilizantes químicos é importante para a formação dos primórdios das suas partes reprodutoras. Também aumenta a iniciação de radículas de primeira e segunda ordem e o seu desenvolvimento. O sistema radicular extenso ajuda a explorar o máximo de nutrientes e água do solo. Enquanto a fonte orgânica de nutrientes melhorou o crescimento da cultura durante as fases posteriores. O efeito favorável das fontes orgânicas no crescimento pode ser atribuído à presença de nutrientes para as plantas relativamente facilmente disponíveis, de substâncias que aumentam o crescimento e de organismos benéficos como os fixadores de azoto, os solubilizadores de fosfato, os decompositores de celulose e outros micróbios benéficos, bem como de antibióticos, vitaminas e hormonas, *etc*.

O aumento do crescimento com níveis de fertilizante e tratamentos de fonte orgânica também foi relatado por Jadhav *et al.* (2012), Shilpashree *et al.* (2012) e Joshi *et al.* (2013) em milho *kharif*. Resultados semelhantes foram também registados por Louraduraj (2006), Verma *et al.* (2006) e Kannan *et al.* (2013) no milho de inverno e também por Ravi *et al.* (2012) no milho de verão.

5.3.2   Efeito nos atributos de rendimento

Os atributos de rendimento, *nomeadamente o* número de espigas por planta, o número de grãos por espiga, o comprimento da espiga (Quadro 7), a percentagem de descasque e o índice de sementes (Quadro 8) registaram um efeito benéfico com a aplicação de fertilizantes químicos e de estrume orgânico. O número máximo de espigas por planta, o número de grãos por espiga, o comprimento da espiga, a percentagem de casca e o índice de sementes foram significativamente mais elevados no tratamento 100% FTR + FYM @ 10 t/ha (T$_2$) do que no controlo. Enquanto que no caso do número de espigas por planta e da percentagem de casca, o tratamento 100% FTR + FYM @ 10 t/ha (T$_2$) manteve-se a par com os tratamentos 75% FTR + Vermicomposto @ 3 t/ha (T$_4$). No entanto, os valores mais baixos dos atributos de rendimento foram observados no tratamento de controlo (T$_6$).

Estas conclusões corroboram os resultados de Dadarwal *et al.* (2009) em milho bebé, bem como Paramasivam *et al.* (2011), Singh e Nepalia (2009) e Panwar (2008) em milho. Foi enfatizado que o uso de fertilizantes químicos e fontes orgânicas, o uso de fertilizantes trouxe uma melhoria significativa no crescimento geral da cultura, fornecendo os nutrientes necessários desde o estágio inicial e aumentando o fornecimento de N, P e K de forma mais sincronizada no tratamento que recebeu o fornecimento integrado de nutrientes de adubo orgânico junto com fertilizante inorgânico e que se expressou em termos de espigas por planta, grãos por espiga e comprimento da espiga em virtude do aumento da eficiência fotossintética. Assim, a maior disponibilidade de fotossintatos, metabólitos e nutrientes para o desenvolvimento das estruturas reprodutivas parece ter resultado no aumento da produtividade das plantas, dos grãos por espiga e do comprimento da espiga com esses níveis de adubação e tratamentos com fonte orgânica.

5.3.3   Efeito no rendimento

Os dados apresentados na Tabela 8 indicam que o efeito de vários níveis de fertilizantes e tratamentos de fontes orgânicas sobre os rendimentos de grãos e palha foi considerado significativo. O maior rendimento de grãos de milho foi registado no tratamento que recebeu 100% RDF + FYM @ 10 t/ha (T$_2$) sobre o controlo (T$_6$).

Os resultados do presente estudo estão de acordo com os relatados por Dadarwal *et al.* (2009) em baby corn. Nanjappa *et al.*(2001), Jayaprakash *et al.* (2005), Tripathi *et al.* (2007), Onasanya *et al.* (2009), Jadhav *et al.* (2012) e Joshi *et al.* (2013) em milho *kharif*. Resultados semelhantes foram também registados por Lingaraju *et al.* (2010) e Kannan *et al.* (2013) no milho de inverno e também por Ravi *et al.* (2012) no milho de verão. Uma vez que o rendimento da cultura é uma função de vários componentes de rendimento que dependem da interação complementar entre o crescimento vegetativo e reprodutivo da cultura. Como esses atributos de crescimento e rendimento, bem como a absorção de nutrientes, mostraram uma relação significativamente positiva com o rendimento de grãos (Tabela 9), evidentemente resultaram em maiores rendimentos com a aplicação de fertilizantes químicos e fontes orgânicas. O adubo químico forneceu os nutrientes iniciais de que a cultura necessitava, ao passo que a farinha de aveia forneceu os nutrientes durante um período mais longo e de forma fácil de utilizar, com substâncias promotoras de crescimento que melhoram o crescimento geral e se reflectem no rendimento.

O rendimento em palha do milho diferiu significativamente com os diferentes tratamentos de nutrientes (Quadro 9). Foi registada uma produção de palha significativamente mais elevada no tratamento 100% RDF + FYM @ 10 t/ha (T$_2$), mantendo-se a par com o tratamento 75% RDF + Vermicomposto @ 3 t/ha (T4).

As presentes constatações estão em estreita concordância com os resultados obtidos por Verma *et al.* (2006), Panwar (2008), Lingaraju *et al.* (2010), Paramasivam *et al.* (2011), Jadhav *et al.* (2012), Ravi *et al.* (2012), Joshi *et al.* (2013) e Kannan *et al.* (2013) no milho. O aumento significativo no rendimento da palha sob estes níveis de fertilizantes e tratamentos de fontes orgânicas parece ser devido à sua influência na produção de matéria seca e indiretamente através do aumento da altura da planta e possivelmente como resultado de uma maior absorção de nutrientes (Quadro 12) e o azoto aplicado em duas parcelas iguais na altura do joelho e antes do afilhamento resultou num crescimento significativamente maior (Quadro 6), atributos de rendimento (Quadros 7 e 8) e os maiores rendimentos de grãos e palha (Quadro 9). Os rendimentos mais baixos de grãos e palha foram registados no tratamento de controlo (T6).

Uma avaliação dos dados indicou que os diferentes níveis de fertilizantes e fontes orgânicas foram afectados por um índice de colheita não significativo. No entanto, numericamente maior em 100% RDF + FYM @ 10 t/ha (T2) em comparação com o controlo (T6). Esses resultados também estavam em conformidade com os relatados por Kumar *et al.* (2002).

5.3.4   Efeito na qualidade

Os vários níveis de fertilizantes e tratamentos de fontes orgânicas não exerceram qualquer influência significativa no conteúdo proteico (Quadro 10), mas o rendimento proteico mais elevado foi registado com 100% RDF + FYM @ 10 t/ha (T2) (Quadro 10). Isto pode ser devido ao maior rendimento de grãos no tratamento 100% RDF + FYM @ 10 t/ha (T$_2$) em relação ao controlo (T$_6$). Assim, em última análise, o rendimento proteico aumentou no presente estudo. Resultados semelhantes foram também registados por Saha e Mondal (2006), Dalavi *et al.* (2009) e Singh *et al.* (2010) no milho.

5.3.5   Efeito no teor e na absorção de nutrientes

O presente estudo revelou que os teores de N, P e K no grão (Quadro 11) e na palha (Quadro 12) na colheita do milho não foram afectados significativamente. No entanto, a absorção de N, P e K pelos grãos (Quadro 13) e pela palha (Quadro 14) foi significativamente influenciada pelos diferentes níveis de fertilizantes e tratamentos com fontes orgânicas

A aplicação à taxa de 100% FTR + FYM @ 10 t/ha (T2) registou uma absorção significativamente mais elevada pelo grão e pela palha, estando ao mesmo nível que os tratamentos 75% FTR + Vermicomposto @ 3 t/ha (T4). A razão provável para a disponibilidade inicial mais elevada de nutrientes aumenta o crescimento radicular e vegetativo precoce, o que aumenta a atividade fotossintética da planta, como é evidente pelo aumento da altura da planta (Quadro 6), registou uma maior disponibilidade de metabolitos da raiz para o rebento e especialmente no órgão reprodutor, *ou seja,* o milho. Isto pode ter promovido o crescimento da raiz, bem como a sua atividade funcional, resultando numa maior extração de nutrientes do ambiente do solo para as partes aéreas.

A absorção de nutrientes é uma função do rendimento e da concentração de nutrientes na planta. Assim, a melhoria da absorção de N, P e K pode ser atribuída à sua concentração no grão e na palha e associada a maiores rendimentos de grão e palha. Isto também pode ser atribuído a uma melhor disponibilidade de nutrientes no solo sob este tratamento 100% RDF + FYM @ 10 t/ha (T$_2$). Os resultados da presente investigação estão em estreita concordância com as conclusões de Singh e Sarkar (2001), Kumar *et al.* (2002), Panwar (2008) e Singh *et al.* (2012) no milho, Tetarwal *et al.* (2011) no milho de sequeiro.

5.3.6   Efeito sobre os nutrientes disponíveis no solo após a colheita

Diferentes tratamentos com vários níveis de fertilizantes e fontes orgânicas produziram resultados significativos para os nutrientes disponíveis, *ou seja,* N, P2O5 e K2O (Quadro 18), no estado do solo após a colheita da cultura do milho. Os resultados da presente investigação apoiam fortemente as conclusões de Jamwal (2006), Panwar (2008), Ramesh *et al.* (2008), Singh e

Nepalia (2009), Tetarwal *et al.* (2011) e Singh *et al.* (2012) no milho.

O status significativamente mais alto de N disponível, P2O5 e K2O (Tabela 15) no solo foi encontrado no tratamento 100% RDF + FYM @ 10 t/ha (T2). No entanto, o estado do N disponível no solo permaneceu igual aos tratamentos 75% FTR + vermicomposto @ 3 t/ha (T4), 75% FTR + Bio composto @ 5 t/ha (T3), 75% FTR + FYM @ 10 t/ha (T5) e 100% FTR (T1), enquanto que no caso de P2O5 disponível não foi encontrado a par com qualquer tratamento e também no caso de K2O disponível, manteve-se a par com os tratamentos 75% FTR + vermicomposto @ 3 t/ha (T4), 75% FTR + Bio composto @ 5 t/ha (T3), 75% FTR + FYM @ 10 t/ha (T5) e 100% FTR (T1). No entanto, os valores mais baixos destes parâmetros foram observados no controlo (T6). O aumento significativo de N disponível, P2O5 e K2O sob esses níveis de fertilizante e tratamentos de fonte orgânica pode ser devido à matéria orgânica adicionada com a adição de FYM, vermicomposto e bio composto que permaneceu por mais tempo no solo como nutrientes residuais e na presença de matéria orgânica. Além disso, o CO2 e o ácido orgânico libertados durante o processo de decomposição aumentam a disponibilidade de nutrientes de fontes orgânicas nativas e aplicadas. Tudo isto pode ser uma maior atividade dos micróbios no solo que fixam o azoto atmosférico e convertem a forma indisponível de nutrientes no solo em forma disponível durante mais tempo.

5.3.7 Efeito na economia

Houve um aumento apreciável na realização líquida devido aos vários níveis de fertilizantes e fontes orgânicas. A maior realização líquida de (37187 ₹/ ha) com valor BCR de 1,37 foi obtida com o tratamento 100% RDF + FYM @ 10 t/ha (T2) seguido de 75% RDF + Bio composto @ 5 t/ha (T3) que obteve realização líquida de (36500 ₹/ ha) e valor BCR de 1,92. Isto foi devido ao aumento comparativamente melhor no rendimento sobre outros tratamentos. Estes resultados estão de acordo com as conclusões de Lingaraju *et al.* (2010), Shanwad *et al.* (2010), Ravi *et al.* (2012) e Joshi *et al.* (2013).

RESUMO E CONCLUSÃO

A experiência intitulada "Efeito de vários níveis de fertilizantes e fontes orgânicas no milho *rabi* nas condições do sul de Gujarat", realizada na parcela número D-16 na College Farm, N.M. College of Agriculture, Navsari Agricultural University, Navsari, durante a época *rabi* do ano 2012-13, é resumida neste capítulo com os seguintes objectivos

1.   Estudar o efeito de fertilizantes e fontes orgânicas no crescimento, rendimento e atributos de rendimento, bem como na qualidade do milho *rabi*.

2.   Descobrir o efeito combinado de fertilizantes e fontes orgânicas no milho *rabi*.

3.   Verificar as alterações no estado dos nutrientes do solo.

4.   Elaborar a economia do milho.

O experimento compreendendo seis combinações de tratamento *viz.*, T1= 100% RDF, T2= 100% RDF + FYM @ 10 t/ha, T3= 75% RDF + Bio composto @ 5 t/ha, T4= 75% RDF + vermicomposto @ 3 t/ha, T5= 75% RDF + FYM 10 @ t/ha T6= Controle foram testados em um desenho de blocos aleatórios com quatro replicações. O solo do campo experimental era de textura argilosa, baixo em azoto disponível (169,43 kg/ha), médio em fósforo disponível (31,73 kg/ha), bastante rico em potássio disponível (359,53 kg/ha), ligeiramente alcalino em reação (pH 7,8) com condutividade eléctrica normal (0,36 dS/m) e com boa drenagem com boa capacidade de retenção de humidade.

O milho var. GM-6 foi semeado a 26 de outubro de 2012 e finalmente colhido a 26 de fevereiro de 2013.

As condições climatéricas foram favoráveis ao crescimento das culturas e não se registaram ataques graves de pragas e doenças durante o inquérito.

Para além das observações biométricas relacionadas com o crescimento, os atributos de rendimento, o rendimento e a qualidade foram também objeto de estudos sobre o teor e a absorção de nutrientes pelos grãos e pela palha, bem como sobre o estado dos nutrientes no solo após a colheita da cultura e a economia.

As conclusões importantes da presente investigação são resumidas a seguir.

1.   As populações iniciais e finais de plantas não foram afectadas significativamente pelos vários tratamentos em estudo.

2.   Vários atributos de crescimento, como a altura da planta aos 30 DAS, não foram influenciados por vários níveis de fertilizantes e tratamentos de fontes orgânicas. A altura da planta significativamente mais alta aos 60 DAS e a colheita foram registadas com a aplicação de 100% RDF + FYM @ 10 t/ha (T2).

3.   Os atributos de rendimento, nomeadamente o número de espigas por planta, o número de grãos por espiga e o comprimento da espiga, foram significativamente mais elevados com a aplicação de 100% FTR + FYM @ 10 t/ha (T2) em relação ao controlo (T6). A leitura dos dados revelou que, no caso do número de espigas por planta, o tratamento 100% RDF + FYM @ 10 t/ha (T_2) permaneceu a par do tratamento T4.

4.   Foram registadas percentagens de casca e índices de sementes significativamente mais elevados no tratamento 100% RDF + FYM @ 10 t/ha (T2) em relação ao controlo (T6).

5.   Significativamente, os maiores rendimentos de grãos (4,18 t/ha) e de palha (8,99 t/ha) foram observados quando a cultura foi fertilizada com 100% RDF + FYM @ 10 t/ha (T2). A leitura dos dados revelou que, no caso do rendimento de palha, o tratamento 100% RDF + FYM @ 10 t/ha (T_2) permaneceu a par com o tratamento 75% RDF + vermicomposto @ 3 t/ha (T4).

6.   Vários níveis de fertilizantes e tratamentos de fontes orgânicas não expressaram o seu efeito significativo no índice de colheita do milho.

7.   Entre os parâmetros de qualidade, pode concluir-se que os diferentes níveis de fertilizantes e tratamentos de fontes orgânicas não exerceram qualquer influência significativa sobre o teor de proteínas, mas significativamente o maior rendimento de proteínas foi registado com 100% RDF + FYM @ 10 t/ha (T2).

8. O teor de nitrogénio não foi significativo no grão e na palha. No entanto, a absorção de azoto pelo grão e pela palha foi significativamente maior com a aplicação de 100% RDF + FYM @ 10 t/ha (T2).

9. Vários níveis de fertilizantes e tratamentos de fontes orgânicas não expressaram seu efeito significativo no conteúdo de fósforo em grãos e palha. Enquanto a absorção de fósforo pelo grão e palha foi significativamente maior no tratamento 100% RDF + FYM @ 10 t/ha (T2).

10. O teor de potássio foi observado de forma não significativa no grão e na palha. No entanto, a absorção de potássio pelo grão e palha foi registada significativamente mais elevada com 100% RDF + FYM @ 10 t/ha (T2).

11. A aplicação de 100% RDF + FYM @ 10 t/ha (T2) registou um estado significativamente mais elevado de N disponível, P_2O_5 e K_2O no solo após a colheita da cultura. No entanto, o estado do N disponível no solo manteve-se ao mesmo nível dos tratamentos T_4, T_3, T_5 e T_1. No entanto, no caso do K_2O disponível, manteve-se a par com os tratamentos T4, T3, T5 e T1.

12. A maior realização líquida de 37187 ₹/ ha com valor BCR 1,37 foi obtida com a aplicação de 100% RDF + FYM @ 10 t/ha (T2) seguido pelo tratamento 100 % RDF (T1) que obteve realização líquida de 36500 ₹/ ha e valor BCR de 1,92.

CONCLUSÃO

A partir dos resultados de um ano de experimentação, pode-se concluir que, para obter maior rendimento lucrativo do milho *rabi* GM-6, bem como para manter a fertilidade do solo, a cultura deve ser fertilizada com 100% RDF + FYM @ 10 t/ha (T_2) nas condições do sul de Gujarat.

FUTURO RAMO DE ACTIVIDADE

1. A presente experiência pode ser repetida durante dois ou três anos para conhecer a consistência dos efeitos do tratamento.

2. O estudo deve ser realizado em diferentes situações agro-ecológicas da zona para fazer recomendações válidas para os agricultores.

3. As práticas integradas de gestão de nutrientes devem ser estudadas com diferentes fontes de nutrientes para um rendimento e uma qualidade eficientes e económicos para a produção sustentável de milho.

4. É necessário estudar o efeito residual e cumulativo do azoto, do fósforo e do potássio no solo.

REFERÊNCIAS

Anónimo (2011-12). Area and production of maize in India. Direção de economia e estatística. Governo da Índia.

Ashokan, K. V. (2008). Potencial do vermicomposto como meio de crescimento de plantas *Journal of Research SKUAST-J.*, **7**(2): 243-247.

Channabasavanna, A. S.; Nagappa e Shivakumar. (2008). Efeito da gestão integrada de nutrientes no milho e efeito residual no grão-de-bico seguinte em condições de irrigação. *Jornal da Universidade Agrícola de Maharashtra,* **33**(1): 1-3.

Cochran, W. G. e Cox, G. M. (1967). "Experimental Designs" (II edição). John Willey and Sons Inc., Nova Iorque.

Dadarwal, R. S.; Jain, N. K. e Singh, D. (2009). Integrated nutrient management in baby corn (*Zea mays*). *Indian Journal of Agricultural Science,* **79**(12): 1023-1025.

Dalavi, P. N.; Bhondave, T. S.; Jawale, S. M.; Shaikh, A. A. e Dalavi, N. D. (2009). Efeito de fontes de estrume orgânico na gestão integrada de nutrientes no rendimento e na qualidade do milho doce. *Jornal da Universidade Agrícola de Maharashtra,* **34**(2): 222-223.

Datt, A. K., (1948). Earthworm and soil aggregation. *Jornal da Sociedade Animal de Ciência do Solo,* **40**: 437-440.

Dayana, P. e Abraham, T. (2001). Efeito do suplemento de fertilizante inorgânico com adubos orgânicos na acumulação de matéria seca e no rendimento do milho de inverno (*Zea mays* L.). *Agronomy Digest,* **1**: 47-49.

Donald, C. M. 1963. Competição entre plantas de cultivo e de pastagem. *Avanço em Agronomia,* **15**(1): 114.

El-Kholy, M. A.; El-Ashry, S. e Gomaa, A. M. (2005). Biofertilização da cultura do milho e seu impacto no rendimento e no teor de nutrientes dos grãos sob baixas taxas de fertilizantes minerais. *Journal of Applied Sciences Research,* **1**(2): 117-121.

FAI (1999). Quarterly Bulletin of Statistics. Fertiliser Association of India, Nova Deli, **2**: 25-26.

Jackson, M. L. 1967. "Soil Chemical Analysis". Publicado por Prentice Hall of India Pvt. Ltd., Nova Deli.

Jadhav, K. L.; Bhilare, R. L. e Kunjir, N. T. (2012). Influência da gestão integrada de nutrientes no crescimento e rendimento do milho. *Jornal de Pesquisa e Tecnologia Agrícola,* **37**(2): 344-346.

Jamwal, J. S. (2006). Effect of integrated nutrient management in maize (*Zea mays*) on succeeding winter crops under rain fed conditions. *Indian Journal of Agronomy,* **51**(1): 1416.

Jayaprakash, T. C.; Nagalikar, V. G.; Pujari, B. T. e Setty R. A. (2003). Efeito do orgânico e do inorgânico no rendimento e nos atributos de rendimento do milho sob irrigação. *Karnataka Journal of Agricultural Sciences,* **16**(3): 451-453.

Jayaprakash, T. C.; Nagalikar, V. G.; Pujari, B. T. e Setty R. A. (2005). Co-eficiente de correlação do milho influenciado por diferentes níveis de orgânicos e inorgânicos. *Karnataka Journal of Agricultural Sciences,* **18**(3): 635-637.

Joshi, E.; Nepalia, V.; Verma, A. e Singh, D. (2013). Efeito da gestão integrada de nutrientes no crescimento, produtividade e economia do milho (*Zea mays*). *Indian Journal of Agronomy,* **58**(3): 434-436.

Kamalakumari, K. e Singaram, P. (1996). Parâmetros de qualidade do milho influenciados pela aplicação de fertilizantes e estrume. *Madras Agricultural Journal,* **83**(1): 32-33.

Kannan, R. L.; Dhivya, M.; Abinaya, D.; Lekshmi, R. K. e Kumar, S. K. (2013). Efeito da gestão integrada de nutrientes na fertilidade do solo e na produtividade do milho. *Boletim de Meio Ambiente, Farmacologia e Ciências da Vida,* **2**(8): 61-67.

Khaliq, P.; Malik, M. A.; Gill, M. A. e Cheema, N. M. (2012). Efeito dos tratamentos de lavoura e fertilizantes no rendimento de forragem de milho em condições de chuva do Paquistão. *Jornal paquistanês de pesquisa agrícola*, 25(1): 3443.

Kumar, A.; Singh, S. N. e Giri, G. (2003). Influência do padrão de plantação e da fertilização com azoto e fósforo no milho (*Zea mays*) e no amendoim (*Arachis hypogaea*) em cultura intercalar. *Indian Journal of Agronomy*, 48(2): 8992.

Kumar, A.; Thakur, K. S. e Munuja, S. (2002). Effect of fertility levels on promising hybrid maize (*Zea mays*) under rainfed condition of Himachal Pradesh. *Indian Journal of Agronomy*, 47(4): 526-530.

Lingaraju, B. S.; Parameshwarappa, K. G.; Hulihalli, U. K. e Basavaraja, B. (2010). Effect of organics on productivity and economic feasibility in maize-bengal gram cropping system. *Indian Journal of Agricultural* Research, 44 (3): 211- 215.

Louraduraj, A. C. (2006). Identificação da quantidade óptima de vermicomposto para o milho sob diferentes níveis de fertilização. *Jornal de Ecobiologia*, 18: 23-27.

Mehta, Y. K.; Shaktawat, M. S. e Singhi, S. M. (2005). Influência do enxofre, do fósforo e do estrume de curral nos atributos de rendimento e no rendimento do milho (*Zea mays*) nas condições do sul do Rajastão. *Indian Journal of Agronomy*, 50: 203-205.

Mishra, B. N.; Singh, B. e Rajput, A. L. (2001). Yield, quality and economics as influenced by winter maize (*Zea mays*) based inter cropping system in eastern Uttar Pradesh. *Indian Journal of Agronomy*, 46(3): 425-431.

Mundra, S. L.; Vyas, A. K. e Maliwal, P. L. (2002). Effect of weed management on nutrient uptake by maize (*Zea mays*) and weeds. *Indian Journal of Agronomy*, 47(3): 378-383.

Nanjappa, H. V.; Ramachandrappa, B. K. e Mallikarjuna, B. O. (2001). Effect of integrated nutrient management on yield and nutrient balance in maize (*Zea mays*). *Indian Journal of Agronomy*, 46(4): 698-701.

Onasanya, R. O.; Aiyelari, P. O.; Onasanya, A.; Oikeh, S.; Nwilene, F. E. e Oyelakin, O. O. (2009). Resposta de crescimento e rendimento do milho a diferentes taxas de fertilizantes de azoto e fósforo no sul da Nigéria. *Revista Mundial de Ciências Agrícolas*, 5(4): 400-407.

Panse, V. G. e Sukhatme, P. V. (1985). "Statistical Methods for Agricultural Workers". Conselho Indiano de Investigação Agrícola, Nova Deli.

Panwar, A. S. (2008). Efeito da gestão integrada de nutrientes no sistema de cultivo de milho (*Zea mays* L.) - mostarda (*Brassica compestris* var *toria*) em altitude média. *Indian Journal of Agronomy*, 78(1): 27-31.

Paradkar, V. K. e Sharma, R. K. (1994). Resposta da cultura intercalar de milho de inverno (*Zea mays*) + ervilha (*Pisum sativum*) ao fertilizante. *Indian Journal of Agronomy*, 39(3): 379381.

Paramasivan, M.; Kumaresan, K. R. e Malarvizhi, P. (2011). Efeito da nutrição equilibrada no rendimento, absorção de nutrientes e fertilidade do solo do milho (*Zea mays*) no vertisol de Tamil-Nadu. *Indian Journal of Agronomy*, 56(2): 133137.

Pathak, S. K.; Singh, S. B. e Singh, S. N. (2002). Effect of integrated nutrient management on growth, yield and economic in maize (*Zea mays*) - wheat (*Triticum aestivum*) cropping system. *Indian Journal of Agronomy*, 47(3): 325-332.

Pawar, R. B. e Patil, C. V. (2007). Effect of vermicompost and fertilizer level on soil properties, yield and uptake of nutrients by maize. *Jornal da Universidade Agrícola de Maharashtra*, 32(1): 11-14.

Piper, C. S. 1950. "Soil and Plant Analysis". International Science Publisher Inc., Nova Iorque.

Raja, V. (2001). Efeito do azoto e da população de plantas no rendimento e na qualidade do milho super doce (*Zea mays*). *Indian Journal of Agronomy*, 46(2): 246-

249.

Rajanna, A. E.; Ramachandrappa, B. K.; Nanjappa, H.V. e Soumya, T.M. (2006). Estado hídrico das plantas no solo e rendimento do milho (*Zea mays* L.) influenciado pelos níveis de irrigação e fertilidade. *Mysore Journal of Agricultural Sciences,* **40**: 74-82.

Ramesh, P.; Panwar, N. R.; Singh, A. B. e Ramana, S. (2008). Efeito do adubo orgânico na produtividade, absorção de nutrientes e fertilidade do solo do sistema de cultivo de milho (*Zea mays*) - linhaça (*Linum ustiatissimum*). *Indian Journal of Agricultural Sciences,* **78**(4): 351-354.

Raskar, S. S.; Sonani, V. V. e Patil, P. A. (2013). Estudo da economia do milho como influenciado por diferentes níveis de nitrogênio, fósforo e zinco. *Revista Internacional de Publicações Científicas e de Pesquisa,* **3**(10): 1-3.

Ravi, N.; Basavarajappac, R.; Chandrashekars, C. P.; Harlapurm, S. I.; Hosamani, M. H. e Manjunatha, M. V. (2012). Efeito da gestão integrada de nutrientes no crescimento e rendimento do milho de proteína de qualidade. *Karnataka Journal of Agricultural Sciences,* **25**(3): 395-396.

Saha, M. e Mondel, S. S. (2006). Influência da integração de nutrientes vegetais no crescimento, produtividade e qualidade do milho para bebé (*Zea mays*) nas planícies indo-gangéticas. *Indian Journal of Agronomy,* **51**(3): 202-205.

Sahoo, S. C. e Mahapatra, P. K. (2007). Yield and economics of sweet corn (*Zea mays*) as affected by plant population and fertility levels. *Indian Journal of Agronomy,* **53**(3): 239-242.

Shanwad, U. K.; Aravindkumar, B. N.; Hulihalli, U. K.; Surwenshi, A.; Reddy, M. e Jalageri, B. R. (2010). Gestão integrada de nutrientes (INM) no sistema de cultivo de grama Maize-Bengal no norte de Karnataka. *Research Journal of Agricultural Sciences,* **1**(3): 252-254.

Shilpashree, V. M.; Chidanandappa, H. M.; Jayaprakash, R. e Punitha, B. C. (2012). Influência das práticas integradas de gestão de nutrientes na produtividade da cultura do milho. *Indian Journal of Fundamental and Applied Life Sciences,* **2**(1): 45-50.

Shinde, P. D.; Jadhav, A. S. e Shaikh, A. A. (2011). Efeito da gestão integrada de nutrientes e do espaçamento entre linhas no crescimento e rendimento do milho composto (*Zea mays* L.). *Jornal de Pesquisa e Tecnologia Agrícola,* **36** (1): 134-137.

Singaram, P. e Kamalakumari, K. (1999). Efeito da adubação contínua e da fertilização na qualidade do grão de milho e na relação entre nutrientes e enzimas do solo. *Madras Agricultural Journal,* **86**(1-3): 51-54.

Singh, A. B.; e Ganguly, T. K. (2005). Comparação da qualidade do composto convencional, vermicomposto e composto quimicamente enriquecido. *Journal of the Indian Society of Soil Science,* **53**(3): 352-355.

Singh, D. e Nepalia, V. (2009). Influence of integrated nutrient management on quality protein maize (*Zea mays*) productivity and soils of southern Rajasthan. *Indian Journal of Agricultural Sciences,* **79**(12): 1020-1022.

Singh, D.; Rana, D. S.; Pandey, R. N. e Kumar, K. (1999). Response of maize (*Zea mays*) -wheat (*Triticum aestivum*) and cowpea (*vigna unguiculata*) cropping system. *Indian Journal of Agronomy,* **44**(2): 242-245.

Singh, G.; Sharma, G. L.; Golada, S. e Choudhary, R. (2012). Efeito da gestão integrada de nutrientes na proteína de qualidade do milho (*Zea mays* L.). *Crop Research,* **44**(1 & 2): 26-29.

Singh, M. K.; Singh, R. N.; Singh, S. P.; Yadav, M. K. e Singh, V. K. (2010). Integrated nutrient management for higher yield, quality and profitability of baby corn (*Zea mays*). *Indian Journal of Agronomy,* **55**(2): 100-104.

Singh, M. K.; Singh, R. N. e Singh, V. K. (2011). Efeito da fonte orgânica e inorgânica de nutrientes no crescimento, rendimento, qualidade e absorção de nutrientes pelo milho bebé (*Zea mays*). *Anais da Investigação Agrícola*, **27**(2): 198-199.

Singh, S. e Sarkar, A. K. (2001). Balanced use of major nutrients for sustaining higher productivity of maize (*Zea mays*)- wheat cropping system in acidic soils of Jharkhand. *Indian Journal of Agronomy*, **46**(4): 605-610.

Subbiah, B. V. e Asija, G. L. (1956). Um procedimento rápido para a estimativa do azoto disponível nos solos. *Current Science*, **27**: 259-260.

Suleiman, R. A.; Rosentrater, K. A. e Bern, C. J. (2013). Efeitos dos parâmetros de deterioração no armazenamento de milho. *Journal of Natural Sciences Research*, **3**(9): 147-165.

Tetarwal, J. P.; Ram, B. e Meena, D. S. (2011). Effect of integrated nutrient management on productivity, profitability, nutrient uptake and soil fertility in rainfed maize (*Zea mays*). *Indian Journal of Agronomy*, **56**(4): 373-376.

Tripathi, S.; Joshi, H. C. e Singh, J. P. (2007). Resposta do trigo (*Triticum aestivum*) e do milho (*Zea mays*) ao biocomposto preparado a partir de efluentes de destilaria e lama de prensa. *Indian Journal of Agricultural Science*, **77**(4): 208-211.

Verma, A.; Nepalia, V. e Kanthaliya, P. C. (2006). Effect of integrated nutrient supply on growth, yield and nutrient uptake by maize (*Zea mays*)- Wheat cropping system. *Indian Journal of Agronomy*, **51**(1): 3-6.

Verma, C. P.; Prasad, K.; Singh, H. V. e Verma, R. N. (2003). Efeito do condicionador de solo e dos fertilizantes no rendimento e na economia do milho (*Zea mays* L.) na sequência milho-trigo. *Crop Research*, **25**(3): 449-453.

Apêndice

Custo da cultura (₹/ ha) de milho

N.º Sr.	Particularidades	Custo ₹
A]	**Custo fixo**	
1.	Preparação do terreno	1300
2.	Abertura do sulco	250
3.	Formação de feixes e abertura de canais (7 trabalhos /ha)	840
4.	Custo das sementes de milho (20 kg @ 20 ₹/ kg)	400
5.	Custo de sementeira (7 trabalhadores /ha)	840
6.	Monda (Atrazina @ 1,0 kg /ha + H.W. + Interculturas)	1740
7.	Custo da proteção (phorate 10 G @ 10 kg/ha para a broca do caule)	600
8.	Preenchimento de lacunas (5 trabalhadores)	600
9.	Custo de 6 irrigações @ 360 ₹/ irrigação	2160
10.	Colheita (14 trabalhadores /ha)	1680
11.	Colheita (12 trabalhadores /ha)	1440
12.	Receitas fundiárias 50 ₹/ ha/ano (4 meses)	17

Total de trabalhadores por habitante	11867
12. Juros sobre o fundo de maneio a 12 % (4 meses)	475
13. Taxas de supervisão a 10% do capital de exploração total	396
Custo fixo	**12738**
B] **Custo variável**	
1. Ureia a 305,00 ₹ por 50 kg	Conforme o tratamento
2. DAP @ 1180.00 ₹ por 50 kg	
C] **Taxas utilizadas para o cultivo e os factores de produção**	
1. Cultivo por trator (₹/ hr)	250
2. Aplainamento de tractores (₹/ hr)	150
3. Encargos de mão de obra (₹/ dia)	120
5. Taxas de irrigação (₹/ irrigation)	240
D] **Rendimento**	
1. Rendimento de grãos (₹/ kg)	10
2. Rendimento em palha (₹/ kg)	2.50

Printed by Books on Demand GmbH, Norderstedt / Germany